超越普里瓦洛夫

积分卷（复变函数论）

● 刘培杰数学工作室　编

哈尔滨工业大学出版社
HITP　HARBIN INSTITUTE OF TECHNOLOGY PRESS

内容简介

本书对于积分给予了更深层次的介绍,总结了一些计算积分的常用方法和惯用技巧,叙述严谨、清晰、易懂.

本书适合于高等院校数学与应用数学专业学生学习,也可供数学爱好者及教练员作为参考.

图书在版编目(CIP)数据

超越普里瓦洛夫.积分卷/刘培杰数学工作室编. —哈尔滨:哈尔滨工业大学出版社,2015.6(2021.1重印)

ISBN 978-7-5603-5282-4

Ⅰ.①超… Ⅱ.①刘… Ⅲ.①积分 Ⅳ.①O1②O172.2

中国版本图书馆 CIP 数据核字(2015)第 067323 号

策划编辑　刘培杰　张永芹
责任编辑　张永芹　穆　青
封面设计　孙茵艾
出版发行　哈尔滨工业大学出版社
社　　址　哈尔滨市南岗区复华四道街 10 号　邮编 150006
传　　真　0451 - 86414749
网　　址　http://hitpress.hit.edu.cn
印　　刷　哈尔滨市工大节能印刷厂
开　　本　787mm×960mm　1/16　印张 7.5　字数 135 千字
版　　次　2015 年 6 月第 1 版　2021 年 1 月第 2 次印刷
书　　号　ISBN 978-7-5603-5282-4
定　　价　18.00 元

复变函数论(theory of functions of a complex variable)是研究复变数的函数的性质及应用的一门学科,是分析学的一个重要分支.

形如 $x+\mathrm{i}y(x,y$ 为实数,i 是虚数单位,满足 $\mathrm{i}^2=-1$)的数称为复数.复数早在 16 世纪就已经出现,它起源于求代数方程的根.在相当长的一段时间内,复数不为人们所接受.直到 19 世纪,才阐明复数是从已知量确定出的数学实体.以复数为自变量的函数叫做复变函数.

对复变函数的研究是从 18 世纪开始的.18 世纪三四十年代,欧拉曾利用幂级数详细讨论过初等复变函数的性质,并得出了著名的欧拉公式

$$\mathrm{e}^{\mathrm{i}x}=\cos x+\mathrm{i}\sin x$$

1752 年,达朗贝尔在论述流体力学的论文中,考虑复函数 $f(z)=u+\mathrm{i}v$ 的导数存在的条件,导出了关系式

$$\frac{\partial u}{\partial x}=\frac{\partial v}{\partial y},\quad\frac{\partial u}{\partial y}=-\frac{\partial v}{\partial x}\tag{1}$$

欧拉在 1777 年提交圣彼得堡科学院的一篇论文中,利用实函数计算复函数的积分,也得到了关系式(1).因此,式(1)有时被称为达朗贝尔—欧拉方程,但后来更多地被称为柯西—黎

曼方程.在这一时期,拉普拉斯也研究过复函数的积分.但是以上三人的工作都存在着本质上的局限性,因为他们把 $f(z)$ 的实部和虚部分开考虑,没有把它们看成一个基本实体.

复变函数论的全面发展是在 19 世纪.首先,柯西的工作为单复变函数论的发展奠定了基础.他从 1814 年开始致力于复变函数的研究,完成了一系列重要论著.他把一个复变函数 $f(z)$ 视作复变数 z 的一元函数来研究.他首先证明复数的代数运算与极限运算的合理性,引进了复函数连续性的概念,接着给出了复函数可导的充分必要条件(即柯西—黎曼方程).他定义了复函数的积分,得到复函数在无奇点的区域内积分值与积分路径无关的重要定理,从而导出著名的柯西积分公式

$$f(z) = \frac{1}{2\pi i} \int_{\Gamma} \frac{f(s)}{\zeta - z} \mathrm{d}s$$

柯西还给出了复函数在极点处的留数的定义,建立了计算留数的定理.他还研究了多值函数,为黎曼面的创立提供了理论依据.

紧接着,阿贝尔和雅可比创立了椭圆函数理论(1826 年),给复变函数论带来了新的生机.1851 年,黎曼的博士论文《单复变函数的一般理论基础》第一次给出单值解析函数的定义,指出实函数与复函数导数的基本差别.他把单值解析函数推广到多值解析函数,阐述了现称为黎曼面的概念,开辟了多值函数研究的方向.黎曼还建立了保形映射的基本定理,奠定了复变函数几何理论的基础.

维尔斯特拉斯与柯西、黎曼不同,他摆脱了复函数的几何直观,从研究幂级数出发,提出了复函数的解析开拓理论,引入完全解析函数的概念.他在椭圆函数论方面也有很重要的工作.

19 世纪后期,复变函数论得到迅速发展.在相当一段时间内,柯西、黎曼、维尔斯特拉斯这三位主要奠基人的工作被他们各自的追随者继续研究.后来,柯西和黎曼的思想被融合在一起,而维尔斯特拉斯的方法逐渐由柯西、黎曼的观点推导出来.人们发现,维尔斯特拉斯的研究途径不是本质的,因此不再强调从幂级数出发考虑问题,这是 20 世纪初的事.

20 世纪以来,复变函数论又有很大的发展,形成了一些专门的研究领域.在这方面做出较多工作的有瑞典数学家米塔·列夫勒,法国数学家庞加莱、皮卡、波莱尔,芬兰数学家奈望林纳,德国数学家毕波巴赫,以及前苏联数学家韦夸、拉夫连季耶夫等.

普里瓦洛夫简介

普里瓦洛夫（Привалов，Иван Иванович），苏联人．1891年2月11日生于别依津斯基．1913年毕业于莫斯科大学后，曾在萨拉托夫大学工作．1918年获数学物理学博士学位，并成为教授．1922年回到莫斯科，先后在莫斯科大学和航空学院任教．1939年成为苏联科学院通讯院士．1941年7月13日逝世．

普里瓦洛夫的研究工作主要涉及函数论与积分方程．有许多研究成果是他与鲁金共同取得的，他们用实变函数论的方法研究解析函数的边界特性与边界值问题．1918年，他在学位论文《关于柯西积分》中，推广了鲁金—普里瓦洛夫唯一性定理，证明了柯西型积分的基本引理和奇异积分定理．他是苏联较早从事单值函数论研究的数学家之一，所谓黎曼—普里瓦洛夫问题就是他的研究成果之一．他还写了三角级数论及次调和函数论方面的著作．他发表了70多部专著和教科书，其中《复变函数引论》《解析几何》都是多次重版的著作，并被译成多种外文出版．

⊙

目 录

题目及解答 ·· 1

附录　柯西定理的古莎证明 ······················· 90

编辑手记 ·· 95

题目及解答

❶ 若 $f(z) = u(x,y) + \mathrm{i}v(x,y)$ 沿 Γ 连续，则 $f(z)$ 必沿 Γ 可积，

且 $\displaystyle\int_\Gamma f(z)\mathrm{d}z = \int_\Gamma u\,\mathrm{d}x - \int_\Gamma v\,\mathrm{d}y + \mathrm{i}\left(\int_\Gamma v\,\mathrm{d}x + \int_\Gamma u\,\mathrm{d}y\right).$

证 若记

$$z_k = x_k + \mathrm{i}y_k,\ \Delta z_k = z_k - z_{k-1} = \Delta x_k + \mathrm{i}\Delta y_k$$
$$\zeta_k = \xi_k + \mathrm{i}\eta_k,\ f(\zeta_k) = u(\xi_k,\eta_k) + \mathrm{i}v(\xi_k,\eta_k) = u_k + \mathrm{i}v_k$$
$$k = 1,2,\cdots,n$$

则有

$$S_n = \sum_{k=1}^n f(\zeta_k)\Delta z_k = \sum_{k=1}^n (u_k + \mathrm{i}v_k)(\Delta x_k + \mathrm{i}\Delta y_k) =$$
$$\sum_{k=1}^n (u_k\Delta x_k - v_k\Delta y_k) + \mathrm{i}\sum_{k=1}^n (v_k\Delta x_k + u_k\Delta y_k)$$

由数学分析中的线积分知识，当 $f(z)$ 沿 Γ 连续，u,v 也沿 Γ 连续时，上式右端的实部和虚部分别以

$$\int_\Gamma u\,\mathrm{d}x - \int_\Gamma v\,\mathrm{d}y,\quad \int_\Gamma v\,\mathrm{d}x + \int_\Gamma u\,\mathrm{d}y$$

为极限（当 $\displaystyle\max_{1\leqslant N\leqslant n} |\Delta z_k| = \max_{1\leqslant N\leqslant n}\sqrt{\Delta x_k^2 + \Delta y_k^2} \to 0$），故

$$S_n \to \int_\Gamma u\,\mathrm{d}x - \int_\Gamma v\,\mathrm{d}y + \mathrm{i}\left(\int_\Gamma v\,\mathrm{d}x + \int_\Gamma u\,\mathrm{d}y\right)$$

从而 $f(z)$ 沿 Γ 可积，且

$$\int_\Gamma f(z)\mathrm{d}z = \int_\Gamma u\,\mathrm{d}x - \int_\Gamma v\,\mathrm{d}y + \mathrm{i}\left(\int_\Gamma v\,\mathrm{d}x + \int_\Gamma u\,\mathrm{d}y\right)$$

证毕.

注 1 此题是一个重要定理，定理中的等式是极易记住的，因为当被积表达式 $f(z)\mathrm{d}z$ 被理解为 $f(z)\mathrm{d}z = (u + \mathrm{i}v)(\mathrm{d}x + \mathrm{i}\mathrm{d}y)$ 时即得

$$f(z)\mathrm{d}z = u\,\mathrm{d}x - v\,\mathrm{d}y + \mathrm{i}(v\,\mathrm{d}x + u\,\mathrm{d}y)$$

然后两边沿 Γ 积分，而右端积分时，则对实部和虚部分别沿 Γ 积分，这样便得定理中的等式.

注2 一般不能将积分记号 $\int_\Gamma f(z)\mathrm{d}z$ 写成 $\int_a^b f(z)\mathrm{d}z$,因记号 $\int_\Gamma f(z)\mathrm{d}z$ 指明了从 a 到 b 沿 Γ 积分(a,b 分别是 Γ 的始点和终点),而记号 $\int_a^b f(z)\mathrm{d}z$ 只指明了从 a 到 b 积分,但从 a 到 b 有各种不同的路径. 一般来说,虽然始点、终点固定了,然而沿不同路径积分之值不一定相等.

❷ 求 $\int_{\Gamma_1}\mathrm{Re}\,z\mathrm{d}z$ 和 $\int_{\Gamma_2}\mathrm{Re}\,z\mathrm{d}z$,其中 Γ_1 和 Γ_2 的起点和终点相同,都是 0 和 $1+\mathrm{i}$,但路径不同,Γ_1 是联结这两点的直线段,Γ_2 是经过点 $z=1$ 的折线段,见图 1.

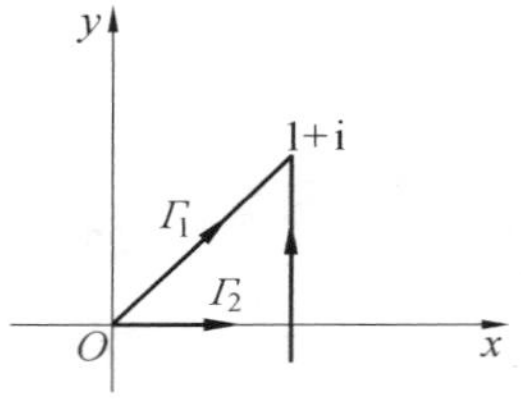

解 Γ_1 可表示为

$$z=(1+\mathrm{i})t,\quad 0\leqslant t\leqslant 1$$

此时

$$\mathrm{Re}\,z=t,\mathrm{d}z=(1+\mathrm{i})\mathrm{d}t$$

故

$$\int_{\Gamma_1}\mathrm{Re}\,z\mathrm{d}z=\int_0^1 t(1+\mathrm{i})\mathrm{d}t=$$

$$\int_0^1 t\mathrm{d}t+\mathrm{i}\int_0^1 t\mathrm{d}t=\frac{1}{2}(1+\mathrm{i})$$

图 1

Γ_2 可表示为两段

$$\Gamma_2^{(1)}:z=t,\quad 0\leqslant t\leqslant 1$$

以及

$$\Gamma_2^{(2)}:z=1+\mathrm{i}t,\quad 0\leqslant t\leqslant 1$$

$\Gamma_2^{(1)}$ 有 $\mathrm{Re}\,z=t,\mathrm{d}z=\mathrm{d}t$;沿 $\Gamma_2^{(2)}$ 只有 $\mathrm{Re}\,z=1,\mathrm{d}z=\mathrm{i}\mathrm{d}t$. 故

$$\int_{\Gamma_2}\mathrm{Re}\,z\mathrm{d}z=\int_{\Gamma_2^{(1)}}\mathrm{Re}\,z\mathrm{d}z+\int_{\Gamma_2^{(2)}}\mathrm{Re}\,z\mathrm{d}z=$$

$$\int_0^1 t\mathrm{d}t+\int_0^1 1\cdot\mathrm{i}\mathrm{d}t=\int_0^1 t\mathrm{d}t+\mathrm{i}\int_0^1\mathrm{d}t=\frac{1}{2}+\mathrm{i}$$

可见

$$\int_{\Gamma_1}\mathrm{Re}\,z\mathrm{d}z\neq\int_{\Gamma_2}\mathrm{Re}\,z\mathrm{d}z$$

❸ 求(1) $\int_\Gamma k\mathrm{d}z$,(2) $\int_\Gamma z\mathrm{d}z$,Γ 是联结始点 a 到终点 b 的任何曲线.

解法一 （1）此时 $f(z)=k$，因而对任何 ζ_k，$f(\zeta_k)=k$，故

$$S_n = \sum_{k=1}^{n} k \cdot (z_k - z_{k-1}) = k \cdot (z_n - z_0) = k(b-a)$$

从而

$$\lim_{\max_k |\Delta z_k| \to 0} S_n = k(b-a)$$

即

$$\int_{\Gamma} dz = k(b-a)$$

（2）此时，$f(z)=z$，因而 $f(\zeta_k)=\zeta_k$。因为 $f(z)=z$，显然连续，故 $f(z)$ 可积。从而可选 $\zeta_k = z_k$，亦可选 $\zeta_k = z_{k-1}$。于是得到两种和

$$S_n^{(1)} = \sum_{k=1}^{n} z_k (z_k - z_{k-1})$$

$$S_n^{(2)} = \sum_{k=1}^{n} z_{k-1} (z_k - z_{k-1})$$

它们的极限应相等，且都应等于 $\int_{\Gamma} z \, dz$，故

$$S_n^{(1)} + S_n^{(2)} \to 2 \int_{\Gamma} z \, dz$$

然而

$$S_n^{(1)} + S_n^{(2)} = z_n^2 - z_0^2 = b^2 - a^2$$

因此得

$$b^2 - a^2 = 2\int_{\Gamma} z \, dz \quad \text{或} \int_{\Gamma} z \, dz = \frac{b^2 - a^2}{2}$$

由以上结果可知，只要始点与终点固定（分别为 a,b），则对于任何不同的路径 Γ_1, Γ_2 有

$$\int_{\Gamma_1} dz = \int_{\Gamma_2} dz, \int_{\Gamma_1} z \, dz = \int_{\Gamma_2} z \, dz$$

特别，当 Γ 是闭路（即 a 与 b 重合）时有

$$\int_{\Gamma} dz = 0, \quad \int_{\Gamma} z \, dz = 0$$

解法二 设 C 为任一光滑弧，其方程为

$$z = \phi(t) + i\psi(t), \quad a \leqslant t \leqslant b$$

把 C 分为 n 段，令分点为：$\alpha = z_0, z_1, \cdots, z_{n-1}, z_n = \beta$。其中 α 对应于 $t = \alpha = t_0$，β 对应于 $t = b = t_n$，z_k 对应于 $t = t_k (k=1,2,\cdots,n-1)$，在弧 $z_{k-1} z_k$ 上任取一点 ξ_k，则 $n \to \infty$，$\max(t_k - t_{k-1}) \to 0$。

$$\int_C k\,dz = \lim\sum_{k=1}^{n}\xi_k(z_k - z_{k-1}) = k\lim\sum_{k=1}^{n}(z_k - z_{k-1}) = k(\beta - \alpha)$$

先取 $\xi_k = z_k$，再取 $\xi_k = z_{k-1}$，则

$$\int_C z\,dz = \lim_{n\to\infty}\sum_{k=1}^{n}z_k(z_k - z_{k-1}) = \lim_{n\to\infty}\sum_{k=1}^{n}z_{k-1}(z_k - z_{k-1})$$

所以

$$\int_C z\,dz = \frac{1}{2}\lim_{n\to\infty}\sum_{k=1}^{n}(z_k^2 - z_{k-1}^2) = \frac{1}{2}(\beta^2 - \alpha^2)$$

若 C 是闭的，则 $\alpha = \beta$.

于是

$$\int_C z\,dz = 0$$

❹ 求 $\int_\Gamma \dfrac{dz}{z^n}$，$n$ 为整数，Γ：$|z| = \rho$.

解 $|z| = \rho$ 可表达为 $z = \rho e^{i\theta}, 0 \leqslant \theta \leqslant 2\pi$，故
$$dz = d\rho e^{i\theta} = i\rho e^{i\theta}\,d\theta$$

于是

$$\int_\Gamma \frac{dz}{z^n} = \int_0^{2\pi}\frac{i\rho e^{i\theta}\,d\theta}{\rho^n e^{in\theta}} = i\int_0^{2\pi}\rho^{1-n}e^{i(1-n)\theta}\,d\theta = \begin{cases} 0, & \text{当 } n \neq 1 \text{ 时} \\ 2\pi i, & \text{当 } n = 1 \text{ 时}\end{cases}$$

❺ 计算 $\int_{-1}^{1}|z|\,dz$，积分路线是（1）一条直线段，（2）单位圆的上半部，（3）单位圆的下半部.

解 （1）设 $z = x + iy$，则 $dz = dx + idy$. 而 $y = 0$，所以

$$\int_{-1}^{1}|z|\,dz = \int_{-1}^{1}|x|\,dx = \int_{-1}^{0}-x\,dx + \int_0^1 x\,dx = \frac{1}{2} + \frac{1}{2} = 1$$

（2）令
$$z = \rho e^{i\theta}, \quad |z| = \rho = 1, 0 \leqslant \theta \leqslant \pi, dz = ie^{i\theta}\,d\theta$$

所以

$$\int_{-1}^{1}|z|\,dz = \int_\pi^0 ie^{i\theta}\,d\theta = \int_\pi^0 e^{i\theta}\,d(i\theta) = e^{i\theta}\Big|_\pi^0 = 2$$

（3）令
$$z = e^{i\theta}, \quad \pi \leqslant \theta \leqslant 2\pi$$

所以

$$\int_{-1}^{1} |z|\,\mathrm{d}z = \int_{\pi}^{2\pi} e^{i\theta}\,\mathrm{d}(i\theta) = e^{i\theta}\Big|_{\pi}^{2\pi} = 1+1 = 2$$

❻（若尔当(Jordan)引理）设函数 $f(z)$ 在 $0 < |z-z_0| < R$ 时是连续的，令 $M(r)$ 代表 $|f(z)|$ 在圆周 $|z-z_0|=r<R$ 上的最大值，且假定 $r \to 0$ 时，$rM(r) \to 0$. 试证当 $r \to 0$ 时，$\int_{k_r} f(z)\,\mathrm{d}z \to 0$，其中 k_r 是圆周 $|z-z_0|=r<R$.

证 由

$$\left| \int_{k_r} f(z)\,\mathrm{d}z \right| = \left| \int_{k_r} (z-z_0)f(z)\frac{\mathrm{d}z}{z-z_0} \right| \leqslant$$

$$\int_{k_r} |z-z_0|\,|f(z)|\left|\frac{\mathrm{d}z}{z-z_0}\right| \leqslant$$

$$rM(r)\int_{k_r}\left|\frac{\mathrm{d}z}{z-z_0}\right|$$

令 $z-z_0 = re^{i\theta}, \mathrm{d}z = re^{i\theta}\mathrm{d}(i\theta), |\mathrm{d}z|=r\mathrm{d}\theta$，所以

$$\int_{k_r}\left|\frac{\mathrm{d}z}{z-z_0}\right| = 2\pi$$

于是

$$\left|\int_{k_r} f(z)\,\mathrm{d}z\right| \leqslant 2\pi rM(r)$$

所以

$$\lim_{r\to 0}\left|\int_{k_r} f(z)\,\mathrm{d}z\right| \leqslant 2\pi\lim_{r\to 0} rM(r) = 0$$

❼ 求 $I = \int_C (z-a)^n\,\mathrm{d}z$，其中 n 为整数，C 为以 a 为心，ρ 为半径的圆.

解 令

$$z = a + \rho e^{i\theta}, \quad 0 \leqslant \theta \leqslant 2\pi$$

$$I = \int_0^{2\pi} [\rho(\cos\theta + i\sin\theta)]^n \cdot \rho(-\sin\theta + i\cos\theta)\,\mathrm{d}\theta =$$

$$i\rho^{n+1}\int_0^{2\pi}[\cos(n+1)\theta + i\sin(n+1)\theta]\,\mathrm{d}\theta =$$

$$\begin{cases} 2\pi i, & \text{当 } n=-1 \text{ 时} \\ 0, & \text{当 } n=\text{整数} \neq -1 \end{cases}$$

超越普里瓦洛夫 —— 积分卷
CHAOYUE PULIWALUOFU——JIFEN JUAN

❽ 设 r 是上半单位圆(逆时针旋转),则

$$\left|\int_r \frac{e^z}{z}dz\right| \leqslant \pi e$$

又 C 为单位圆,则

$$\left|\int_C \frac{\sin z}{z^2}dz\right| \leqslant 2\pi e$$

证 因取 $r(t)=e^{it}$,$0\leqslant t\leqslant\pi$,则 $r'(t)=ie^{it}$,所以

$$l(r)=\int_0^\pi |r'(t)|\,dt=\int_0^\pi dt=\pi$$

又设

$$z=e^{it}=\cos t+i\sin t$$

则

$$\left|\frac{e^z}{z}\right|=\frac{e^{\cos t}}{1}\leqslant e,\quad 因\cos t\leqslant 1$$

所以

$$\left|\int_r \frac{e^z}{z}dz\right|\leqslant Ml(r)=e\pi$$

又因

$$\left|\frac{\sin z}{z^2}\right|=\left|\frac{e^{iz}-e^{-iz}}{2iz^2}\right|\leqslant\frac{e^{\cos t}+e^{\cos t}}{2}\leqslant e$$

所以

$$\left|\int_C \frac{\sin z}{z^2}dz\right|\leqslant e\int_0^{2\pi}dt=2\pi e$$

❾ 求下列积分.

(1) $\int_r \mathrm{Re}(z)dz$(r 为逆时针方向的单位正方形).

(2) $\int_r e^z dz$(r 为逆时针方向的连 1 到 i 的单位圆).

(3) $\int_{|z|=1}\frac{dz}{z}$;$\int_{|z|=1}\frac{dz}{|z|}$;$\int_{|z|=1}\frac{|dz|}{z}$;$\int_{|z|=1}\left|\frac{dz}{z}\right|$.

(4) $\int_r z\sin z^2 dz$(r 为单位圆).

(5) 是否有 $\mathrm{Re}\left(\int_r f dz\right)=\int_r \mathrm{Re}\,f dz$?

· 6 ·

解 （1）定义 $r:[0,4] \to R$ 且 $r = r_1 + r_2 + r_3 + r_4$，其中 r_1, r_2, r_3, r_4 分别是正方形的四边

$$r_1(t) = t + 0\mathrm{i}, \quad 0 \leqslant t \leqslant 1$$
$$r_2(t) = 1 + (t-1)\mathrm{i}, \quad 1 \leqslant t \leqslant 2$$
$$r_3(t) = (3-t) + \mathrm{i}, \quad 2 \leqslant t \leqslant 3$$
$$r_4(t) = 0 + (4-t)\mathrm{i}, \quad 3 \leqslant t \leqslant 4$$

故

$$\int_{r_1} x\mathrm{d}z = \int_0^1 [\mathrm{Re}(r_1(t))] r'_1(t) \mathrm{d}t = \int_0^1 t\mathrm{d}t = \frac{1}{2}$$

$$\int_{r_2} x\mathrm{d}z = \int_1^2 [\mathrm{Re}(r_2(t))] r'_2(t) \mathrm{d}t = \int_1^2 1\mathrm{d}t = 1$$

$$\int_{r_3} x\mathrm{d}z = \int_2^3 [\mathrm{Re}(r_3(t))] r'_3(t) \mathrm{d}t =$$
$$\int_2^3 -(3-t)\mathrm{d}t = -\frac{1}{2}$$

$$\int_{r_4} x\mathrm{d}z = \int_3^4 [\mathrm{Re}(r_4(t))] r'_4(t) \mathrm{d}t = \int_3^4 0\mathrm{d}t = 0$$

所以

$$\int_r \mathrm{Re}(z)\mathrm{d}z = \frac{1}{2} + 1 - \frac{1}{2} + 0 = 1$$

（2） $\qquad r(t) = \cos t + \mathrm{i}\sin t, 0 \leqslant t \leqslant \dfrac{\pi}{2}$

所以

$$\int_r \mathrm{e}^z \mathrm{d}z = \int_0^{\frac{\pi}{2}} (\mathrm{e}^{\cos t + \mathrm{i}\sin t})(-\sin t + \mathrm{i}\cos t)\mathrm{d}t =$$

$$\int_0^{\frac{\pi}{2}} [-\mathrm{e}^{\cos t}\cos(\sin t) \cdot \sin t - \mathrm{e}^{\cos t}\sin(\sin t) \cdot \cos t]\mathrm{d}t +$$

$$\mathrm{i}\int_0^{\frac{\pi}{2}} [-\mathrm{e}^{\cos t}\sin(\sin t) \cdot \sin t + \mathrm{e}^{\cos t}\cos(\sin t) \cdot \cos t]\mathrm{d}t =$$

$$[\mathrm{e}^{\cos t}\cos(\sin t) + \mathrm{i}\mathrm{e}^{\cos t}\sin(\cos t)]_0^{\frac{\pi}{2}} =$$

$$\mathrm{e}^{\cos t + \mathrm{i}\sin t}\Big|_0^{\frac{\pi}{2}} = \mathrm{e}^{\mathrm{i}} - \mathrm{e}$$

（3） $\qquad \displaystyle\int_{|z|=1} \frac{\mathrm{d}z}{z} = \int_0^{2\pi} \frac{\mathrm{i}\mathrm{e}^{\mathrm{i}\theta}\mathrm{d}\theta}{\mathrm{e}^{\mathrm{i}\theta}} = \int_0^{2\pi} \mathrm{i}\mathrm{d}\theta = 2\pi\mathrm{i}$

$$\int_{|z|=1} \frac{\mathrm{d}z}{|z|} = \int_0^{2\pi} \mathrm{i}\mathrm{e}^{\mathrm{i}\theta}\mathrm{d}\theta = 0$$

$$\int_{|z|=1} \frac{|\,\mathrm{d}z\,|}{z} = \int_0^{2\pi} \frac{\mathrm{d}\theta}{\mathrm{e}^{i\theta}} = -\frac{1}{i}\int_0^{2\pi} \mathrm{e}^{-i\theta}\mathrm{d}(-i\theta) = 0$$

$$\int_{|z|=1} \left|\frac{\mathrm{d}z}{z}\right| = \int_0^{2\pi}\left|\frac{i\mathrm{e}^{i\theta}\mathrm{d}\theta}{\mathrm{e}^{i\theta}}\right| = \int_0^{2\pi}\mathrm{d}\theta = 2\pi$$

(4) $\quad \int_{|z|=1} z\sin z^2\,\mathrm{d}z = \int_0^{2\pi}\mathrm{e}^{i\theta}\sin(\mathrm{e}^{2i\theta})\cdot i\mathrm{e}^{i\theta}\mathrm{d}\theta =$

$$\int_0^{2\pi}\frac{1}{2}\sin(\mathrm{e}^{2i\theta})\mathrm{d}(\mathrm{e}^{2i\theta}) = \frac{1}{2}(-\cos \mathrm{e}^{2i\theta})\Big|_0^{2\pi} = 0$$

(5) 不. 例如：$f(z)=z, r(t)=it, 0 \leqslant t \leqslant 1$, 则

$$\int_r \mathrm{Re}\, f\mathrm{d}z = \int_0^1 0\cdot i\mathrm{d}t = 0$$

但

$$\mathrm{Re}\left(\int_r f\mathrm{d}z\right) = \mathrm{Re}\left(\int_0^1 it\cdot i\mathrm{d}t\right) = \mathrm{Re}\left[-\frac{t^2}{2}\right]_0^1 = -\frac{1}{2}$$

❿ 设有微分式 $\dfrac{(1+ky^2)\mathrm{d}x + (1+kx^2)\mathrm{d}y}{(1+xy)^2}$.

(1) 上式是否为全微分？

(2) k 为何值时, 上式始终为全微分？

(3) 当 k 为任意常数时, 求线积分沿点 $(0,0)$ 到点 $(1,1)$ 的直线段.

解　(1) $P = \dfrac{1+ky^2}{(1+xy)^2}, Q = \dfrac{1+kx^2}{(1+xy)^2}$.

由于

$$\frac{\partial P}{\partial y} = \frac{2(ky-x)}{(1+xy)^3} \neq \frac{\partial Q}{\partial x} = \frac{2(kx-y)}{(1+xy)^3}$$

故所给微分式不是全微分.

(2) 欲所给微分式为全微分, 必须且只需 $\dfrac{\partial P}{\partial y} = \dfrac{\partial Q}{\partial x}$, 即

$$k(y-x) = -(y-x)$$

所以 $k = -1$.

(3) 联结点 $(0,0)$ 与点 $(1,1)$ 的直线段 r 上：$y=x$, 故 $\mathrm{d}y = \mathrm{d}x$, 从而

$$I = \int_r \frac{(1+ky^2)\mathrm{d}x + (1+kx^2)\mathrm{d}y}{(1+xy)^2} = \int_0^1 \frac{2(1+kx^2)}{(1+x^2)^2}\mathrm{d}x =$$

$$2\left[k\int_0^1 \frac{\mathrm{d}x}{1+x^2} + (1-k)\int_0^1 \frac{\mathrm{d}x}{(1+x^2)^2}\right] =$$

$$2\left[k\cdot\frac{\pi}{4}+(1-k)\frac{2+\pi}{8}\right]=$$

$$\frac{1}{2}\left[\frac{\pi(k+1)}{2}+(1-k)\right]$$

（后一积分可令 $x=\tan t$ 而得）.

❶❶ 求下列积分，积分路线均为直线：

(1) $\int_{1-i}^{3+2i}(2z^2-5z+6)\mathrm{d}z$.

(2) $\int_0^{1+i}z^2\sin z\mathrm{d}z$.

(3) $\int_0^i\frac{z}{z+1}\mathrm{d}z$.

(4) $\int_{-1}^i\frac{\mathrm{d}z}{z^2+z-2}$.

解 (1) $\int_{1-i}^{3+2i}(2z^2-5z+6)\mathrm{d}z=\left[\frac{2}{3}z^3-\frac{5}{2}z^2+6z\right]_{1-i}^{3+2i}=-\frac{31}{6}+15i$.

(2) 被积函数单值正则，故由分部积分法

$$\int_0^{1+i}z^2\sin z\mathrm{d}z=\left[-(z^2-2)\cos z+2z\sin z\right]_0^{1+i}=$$

$$-(2i-2)\cos(1+i)+2(1+i)\sin(1+i)-2=$$

$$2(1-i)\left[\cos(1+i)+i\sin(1+i)\right]-2=$$

$$2(1-i)e^{-1+i}-2=$$

$$\frac{2\sqrt{2}}{e}\left(\cos\frac{\pi}{4}-i\sin\frac{\pi}{4}\right)(\cos 1+i\sin 1)-2=$$

$$\frac{2\sqrt{2}}{e}\left[\cos\left(1-\frac{\pi}{4}\right)+i\sin\left(1-\frac{\pi}{4}\right)\right]-2$$

(3) 令 $z+1=t$，则

$$\int_0^i\frac{z}{z+1}\mathrm{d}z=\int_1^{1+i}\frac{t-1}{t}\mathrm{d}t=\left[t-\ln t\right]_1^{1+i}$$

$\ln t$ 为多值函数，由 $\ln 1$ 的一个值沿着 t 的积分路线连续变动诱导出 $\ln(1+i)$ 的一个值，必须作出其差. 今取主值，即 $\ln 1=0$，则

$$\int_0^i\frac{z}{z+1}\mathrm{d}z=(1+i-1)-\left(\ln\sqrt{2}+\frac{\pi}{4}i\right)=$$

$$-\frac{1}{2}\ln 2+i\left(1-\frac{\pi}{4}\right)$$

(4) $\quad\displaystyle\int_{-1}^{i}\frac{\mathrm{d}z}{z^2+z-2}=\frac{1}{3}\int_{-1}^{i}\left(\frac{1}{z-1}-\frac{1}{z+2}\right)\mathrm{d}z=$

$$\frac{1}{3}\left[\int_{-2}^{-1+i}\frac{\mathrm{d}t}{t}-\int_{1}^{2+i}\frac{\mathrm{d}t}{t}\right]=$$

$$\frac{1}{3}\left(\left[\ln t\right]_{-2}^{-1+i}-\left[\ln t\right]_{1}^{2+i}\right)$$

$\ln(-2)$ 及 $\ln 1$ 的值各取主值 $\ln 2+\pi i$ 及 0 时,则

$$\int_{-1}^{i}\frac{\mathrm{d}z}{z^2+z-2}=\frac{1}{3}\left[\left(\ln\sqrt{2}+\frac{3}{4}\pi i\right)-(\ln 2+\pi i)-\right.$$

$$\left.\left(\ln\sqrt{5}+i\arctan\frac{1}{2}\right)\right]=$$

$$-\frac{1}{3}\left[\ln\sqrt{10}+i\left(\frac{\pi}{4}+\arctan\frac{1}{2}\right)\right]$$

❷ 求 $I=\displaystyle\int_{r}\frac{\mathrm{d}z}{z^2+1}$,取 r 为 $|z|=a$ 的上半圆周($0<a<1$,又 $a>1$),由点 $-a$ 到点 a.

解　令 $z=a\mathrm{e}^{i\theta}$,则 $\mathrm{d}z=a i\mathrm{e}^{i\theta}\mathrm{d}\theta$,所以

$$I=\int_{\pi}^{0}\frac{ia(\cos\theta+i\sin\theta)\mathrm{d}\theta}{a^2(\cos 2\theta+i\sin 2\theta)+1}=$$

$$a(a^2-1)\int_{\pi}^{0}\frac{\sin\theta\mathrm{d}\theta}{1+2a^2\cos 2\theta+a^4}+$$

$$ia(a^2+1)\int_{\pi}^{0}\frac{\cos\theta\mathrm{d}\theta}{1+2a^2\cos 2\theta+a^4}$$

后一积分为 0,前一积分改写后可得

$$I=\int_{-a}^{a}\frac{\mathrm{d}z}{z^2+1}=2a(1-a^2)\int_{0}^{\frac{\pi}{2}}\frac{\sin\theta\mathrm{d}\theta}{1+2a^2\cos 2\theta+a^4}=$$

$$2a(1-a^2)\int_{0}^{\frac{\pi}{2}}\frac{\sin\theta}{(1-a^2)^2+4a^2\cos^2\theta}=$$

$$-\left[\arctan\frac{2a\cos\theta}{1-a^2}\right]_{0}^{\frac{\pi}{2}}=\arctan\frac{2a}{1-a^2}=$$

$$\begin{cases}2\arctan a,&0<a<1\\2\arctan a-\pi,&a>1\end{cases}$$

注意　若用不定积分办法来做,则因被积函数的原函数为 $\arctan z$,且它于积分路线上为正则,则

$$I=(\arctan z)_{-a}^{a}=\arctan a-\arctan(-a)$$

要求右边的值,由于 arctan z 为多值函数,需由 arctan$(-a)$ 的一个值沿 z 的积分路线连续变动,而诱导出 arctan a 的一个值,而求其差. 为了方便起见,不妨取 arctan$(-a)$ 的主值为 arctan$(-a)$.

如图 2,3,当 $0 < a < 1$ 时,令 arctan$(-a) = -c$,则 z 画出半圆周 $A'EA$ 时,arctan z 画出 $(-c)kc$ 曲线,故作为 arctan a 的值,应取 c.

此时

$$I = c - (-c) = 2c = 2\text{arctan } a$$

当 $a > 1$ 时,令 arctan$(-a) = -c'$,则当 z 画出半圆周 $B'DB$ 时,arctan z 画出曲线 $(-c')k'(c'-\pi)$,此时作为 arctan a 的值应取 $c'-\pi$,于是

$$I = (c'-\pi) - (-c') = 2c'-\pi = 2\text{arctan } a - \pi$$

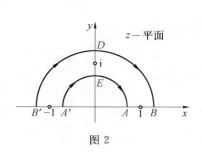

图 2

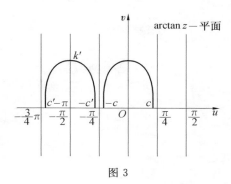

图 3

❸ 若 Γ 是以 A 为起点,B 为终点,长为 L 的逐段光滑曲线,而 p 是非负整数,试用积分定义证明

$$\int_{\Gamma} z^p \mathrm{d}z = \frac{1}{p+1}(B^{p+1} - A^{p+1})$$

证 因 $f(z) = z^p$ 在 Γ 上连续,所以对 Γ 的任意划分及任选的 ξ_k,有

$$\lim_{\lambda \to 0} \sum_{k=1}^{n} \xi_k^p \Delta z = I, \quad \int_{\Gamma} f(z)\mathrm{d}z = \int_{\Gamma} z^p \mathrm{d}z$$

于是可以选取特殊的点作为 ξ_k,一般的常取小弧 $\overparen{z_{k-1}z_k}$ 的两个端点之一来作为 ξ_k. 为了使读者清楚,我们先证明 $p = k$ 的特殊情形,即要证明

$$\int_{\Gamma} z\mathrm{d}z = \frac{1}{2}(B^2 - A^2)$$

先取左端点来作为 ξ_k,即令 $\xi_k = z_{k-1}(k=1,2,\cdots,n)$,于是得到积分和为

$$\sum_{k=1}^{n} z_{k-1} \Delta z_k = \sum_{k=1}^{n} z_{k-1}(z_k - z_{k-1})$$

再取右端点来作为 ξ_k，即令 $\xi_k = z_k (k=1,2,\cdots,n)$，则积分和的形状为

$$\sum_{k=1}^{n} z_k (z_k - z_{k-1})$$

因为这两个积分和有共同的极限，所以它们的算术平均数也应该有同一个极限 $\int_{\Gamma} z \, \mathrm{d}z$，于是

$$\int_{\Gamma} z \, \mathrm{d}z = \lim_{\lambda \to 0} \frac{1}{2} \sum_{k=1}^{n} (z_k + z_{k-1})(z_k - z_{k-1}) =$$

$$\lim_{\lambda \to 0} \frac{1}{2} \sum_{k=1}^{n} (z_k^2 - z_{k-1}^2) = \lim_{\lambda \to 0} \frac{1}{2} (z_n^2 - z_0^2) =$$

$$\frac{1}{2} (B^2 - A^2)$$

下面我们来对任意的非负整数 p 加以证明.

为此，取 $\xi_k = z_{k-1} (k=1,2,\cdots,n)$，则

$$\int_{\Gamma} z^p \, \mathrm{d}z = \lim_{\lambda \to 0} \sum_{k=1}^{n} z_{k-1}^p \Delta z_k$$

若取 $\xi_k = z_k$ 时，则

$$\int_{\Gamma} z^p \, \mathrm{d}z = \lim_{\lambda \to 0} \sum_{k=1}^{n} z_k^p \Delta z_k$$

由于 z_k 是曲线 Γ 上的分点，且 $z_0 = A, z_n = B$，于是

$$B^{p+1} - A^{p+1} = \sum_{k=1}^{n} (z_k^{p+1} - z_{k-1}^{p+1})$$

$$B^{p+1} - A^{p+1} = \sum_{k=1}^{n} (z_k^p + z_k^{p-1} z_{k-1} + \cdots + z_k^m z_{k-1}^{p-n} + \cdots + z_{k-1}^p) \Delta z_k =$$

$$\sum_{k=1}^{n} z_k^p \Delta z_k + \sum_{k=1}^{n} z_k^{p-1} z_{k-1} \Delta z_k + \cdots +$$

$$\sum_{k=1}^{n} z_k^m \cdot z_{k-1}^{p-m} \Delta z_k + \cdots + \sum_{k=1}^{n} z_{k-1}^p \Delta z_k$$

显然，只需证明，对 $1 \leqslant m \leqslant p-1$ 时，有

$$\lim_{\lambda \to 0} \sum_{k=1}^{n} z_k^m z_{k-1}^{p-m} \Delta z_k = \int_{\Gamma} z^p \, \mathrm{d}z$$

为此考虑

$$\left| \sum_{k=1}^{n} z_k^m z_{k-1}^{p-m} \Delta z_k - \sum_{k=1}^{n} z_{k-1}^p \Delta z_k \right| =$$

$$\left| \sum_{k=1}^{n} z_{k-1}^{p-m} (z_k^m - z_{k-1}^m) \Delta z_k \right| \leqslant$$

$$\sum_{k=1}^{n} |z_{k-1}|^{p-m} (|z_k|^{m-1} |z_k|^{m-2} |z_{k-1}| + \cdots +$$

$$|z_{k-1}|^{m-1}) ||\Delta z_k|^2 \leqslant mR^{p-1} \sum_{k=1}^{n} |\Delta z_k|^2$$

这里假设 Γ 包含在圆盘 $|z| < R$ 内 $(R > 1)$.

由于弧 $\overset{\frown}{z_{k-1}z_k}$ 的弦长小于弧长(图 4),即

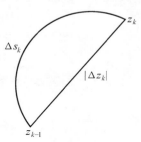

$$|\Delta z_k| \leqslant \Delta s_k \leqslant \lambda$$

于是得到

$$0 \leqslant \sum_{k=1}^{n} |\Delta z_k|^2 \leqslant \lambda \sum_{k=1}^{n} |\Delta z_k| \leqslant \lambda L$$

当 $\lambda \to 0$ 时,上述不等式右端趋于零,故有

$$\lim_{\lambda \to 0} \sum_{k=1}^{n} |\Delta z_k|^2 = 0$$

图 4

所以

$$\lim_{\lambda \to 0} \sum_{k=1}^{n} z_k^m z_{k-1}^{p-m} \Delta z_k = \lim_{\lambda \to 0} \sum_{k=1}^{n} z_{k-1}^p \Delta z_k = \int_\Gamma z^p dz$$

于是得到

$$B^{p+1} - A^{p+1} = (p+1) \int_\Gamma z^p dz$$

即

$$\int_\Gamma z^p dz = \frac{1}{p+1} (B^{p+1} - A^{p+1})$$

由此可知,若 Γ 为闭曲线(始点与终点重合),则

$$\int_\Gamma z^p dz = 0$$

❹ 计算积分 $\int_\Gamma \operatorname{Re} z dz$:

(1) Γ 为由 0 到 $2+i$ 的有向线段;

(2) Γ 为从 z_1 到 z_2 的直线段;

(3) Γ 为圆 $|z| = r$.

解 (1) 设 Γ 的方程为

$$z = (2+i)t, \quad 0 \leqslant t \leqslant 1$$

于是

$$\operatorname{Re} z = 2t, \quad dz = (2+i)dt$$

因此

$$\int_\Gamma \mathrm{Re}\, z\mathrm{d}z = \int_0^1 2t(2+\mathrm{i})\mathrm{d}t = 2(2+\mathrm{i})\frac{t^2}{2}\Big|_0^1 = 2+\mathrm{i}$$

(2) **解法一**　设 Γ 的方程为

$$z = z_1 + (z_2 - z_1)t, \quad 0 \leqslant t \leqslant 1$$

于是

$$\mathrm{Re}\, z = \mathrm{Re}\, z_1 + t\mathrm{Re}(z_2 - z_1)$$
$$\mathrm{d}z = (z_2 - z_1)\mathrm{d}t$$

所以

$$\int_\Gamma \mathrm{Re}\, z\mathrm{d}z = \int_0^1 [\mathrm{Re}\, z_1 + t\mathrm{Re}(z_2 - z_1)](z_2 - z_1)\mathrm{d}t =$$

$$(z_2 - z_1)\left[\mathrm{Re}\, z_1 + \frac{1}{2}\mathrm{Re}(z_2 - z_1)\right] =$$

$$\frac{1}{2}(z_2 - z_1)\mathrm{Re}(z_2 + z_1)$$

(3) **解法一**　Γ 的方程为

$$z = r(\cos\varphi + \mathrm{i}\sin\varphi), \quad 0 \leqslant \varphi \leqslant 2\pi$$

于是

$$\mathrm{Re}\, z = r\cos\varphi, \mathrm{d}z = r(-\sin\varphi + \mathrm{i}\cos\varphi)\mathrm{d}\varphi$$

所以

$$\int_\Gamma \mathrm{Re}\, z\mathrm{d}z = \int_0^{2\pi} r\cos\varphi \cdot r(-\sin\varphi + \mathrm{i}\cos\varphi)\mathrm{d}\varphi =$$

$$r^2\left[\frac{1}{2}\cos^2\varphi + \mathrm{i}\left(\frac{1}{2}\varphi + \frac{1}{4}\sin 2\varphi\right)\right]_0^{2\pi} = \mathrm{i}r^2\pi$$

解法二　在圆周 $|z| = r$ 上,由于

$$\mathrm{Re}\, z = x = \frac{1}{2}(z + \bar{z}) = \frac{1}{2}\left(z + \frac{r^2}{z}\right)$$

所以

$$\int_\Gamma \mathrm{Re}\, z\mathrm{d}z = \frac{1}{2}\int_{|z|=r}\left(z + \frac{r^2}{z}\right)\mathrm{d}z =$$

$$\frac{1}{2}\int_{|z|=r} z\mathrm{d}z + \frac{r^2}{2}\int_{|z|=r}\frac{1}{z}\mathrm{d}z$$

由第 13 题知

$$\int_{|z|=r} z\mathrm{d}z = 0$$

而

$$\frac{r^2}{2}\int_{|z|=r}\frac{1}{z}dz=\frac{r^2}{2}\int_0^{2\pi}\frac{ire^{i\varphi}}{re^{i\varphi}}d\varphi=ir^2\pi$$

❶❺ 计算 $\displaystyle\int_C \mathrm{Im}\ z\,dz$，积分路线 C 是(1)联结点 0 与点 $2+\mathrm{i}$ 的直线段；(2)联结点 0 与点 i 的直线段与联结点 i 与点 $2+\mathrm{i}$ 的直线段组成（图 5）.

解 令

$$z=x+\mathrm{i}y$$
$$\mathrm{Im}\ z=y$$
$$dz=dx+\mathrm{i}dy$$

(1) $\displaystyle\int_C \mathrm{Im}\ z\,dz=\int_C y(dx+\mathrm{i}dy)=\int_0^2\frac{x}{2}dx+$

$\displaystyle\mathrm{i}\int_0^1 ydy=1+\frac{\mathrm{i}}{2}.$

图 5

(2) $\displaystyle\int_C \mathrm{Im}\ z\,dz=\int_C ydx+\mathrm{i}ydy=\int_0^1 \mathrm{i}ydy+\int_0^2 dx=\frac{\mathrm{i}}{2}+2.$

❶❻ 计算积分 $\displaystyle\int_\Gamma \frac{\bar{z}}{z}dz$，其中 Γ 为如图 6 所示的半带形的边界.

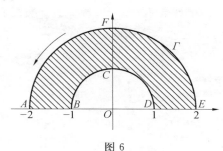

图 6

解 $\displaystyle\int_\Gamma \frac{\bar{z}}{z}dz=\int_{\overline{AB}}\frac{\bar{z}}{z}dz+\int_{\overparen{BCD}}\frac{\bar{z}}{z}dz+\int_{\overline{DE}}\frac{\bar{z}}{z}dz+\int_{\overparen{EFA}}\frac{\bar{z}}{z}dz$

在线段 $\overline{AB}$ 与 $\overline{DE}$ 上，$z=\bar{z}=x,dz=dx.$

在上半圆周 $\overparen{BCD}$ 上，$z=e^{i\varphi}$，φ 从 π 到 0，$\dfrac{\bar{z}}{z}=\left|\dfrac{\bar{z}}{z}\right|e^{i(\varphi-(-\varphi))}=(e^{i\varphi})^2=z^2.$

在上半圆周 $\overparen{EFA}$ 上，$z=2e^{i\varphi},\bar{z}=2e^{-i\varphi},0\leqslant\varphi\leqslant\pi,\dfrac{\bar{z}}{z}=\left|\dfrac{\bar{z}}{z}\right|e^{i2\varphi}=\dfrac{1}{4}(2e^{i\varphi})^2=$

$\frac{1}{4}z^2$. 所以

$$\int_\Gamma \frac{z}{\bar{z}}\mathrm{d}z = \int_{-2}^1 \mathrm{d}x + \int_{-1}^1 z^2 \mathrm{d}z + \int_1^2 \mathrm{d}x + \frac{1}{4}\int_2^{-2} z^2 \mathrm{d}z =$$

$$1 + \frac{2}{3} + 1 - \frac{4}{3} = \frac{4}{3}$$

注 这里 $\int_{-1}^1 z^2 \mathrm{d}z$ 与 $\int_{-2}^2 z^2 \mathrm{d}z$ 参见第 13 题,当然在两个上半圆周上也可化为对 φ 从 π 到 0 与从 0 到 π 的积分.

❶❼ 计算积分: $\int_{|z|=1} |z-1||\mathrm{d}z|$.

解 在圆周 $|z|=1$ 上

$$z = \cos\varphi + \mathrm{i}\sin\varphi, \quad 0 \leqslant \varphi \leqslant 2\pi$$

$$|\mathrm{d}z| = \mathrm{d}s = \sqrt{\cos^2\varphi + \sin^2\varphi}\,\mathrm{d}\varphi = \mathrm{d}\varphi$$

所以

$$\int_{|z|=1} |z-1||\mathrm{d}z| = \int_0^{2\pi} |(\cos\varphi - 1 + \mathrm{i}\sin\varphi)\mathrm{d}\varphi| =$$

$$2\int_0^{2\pi} \left|\sin\frac{\varphi}{2}\right|\mathrm{d}\varphi = 4\int_0^\pi \sin\theta\mathrm{d}\theta = 8$$

下面这道题的被积函数是多值函数,对多值函数的积分,我们约定:积分号里多值函数的一支,由它在积分路线上某点的值来分出. 若积分路线是闭曲线时,则给定被积函数值的那点,就当作积分路线的起点(当然,积分值可能依赖于这个挑选的起点).

❶❽ 计算积分 $\int_{|z|=1} z^n \ln z\mathrm{d}z$,其中 n 为整数.

(1) $\ln 1 = 0$;(2) $\ln(-1) = \pi\mathrm{i}$.

解 $\ln z = \ln|z| + \mathrm{i}(\arg z + 2k\pi)$,这里 $\arg z$ 指主值.

(1) 因 $\ln 1 = 0$,故取 $k = 0$.

由于 $|z| = 1$,于是 $z = \mathrm{e}^{\mathrm{i}\varphi}$,$0 \leqslant \varphi \leqslant 2\pi$,有

$$\ln z = \mathrm{i}\arg z = \mathrm{i}\varphi$$

所以

$$\int_{|z|=1} z^n \ln z\mathrm{d}z = \int_0^{2\pi} \mathrm{e}^{\mathrm{i}n\varphi}\mathrm{i}\varphi\mathrm{i}\mathrm{e}^{\mathrm{i}\varphi}\mathrm{d}\varphi = -\int_0^{2\pi} \varphi\mathrm{e}^{\mathrm{i}(n+1)\varphi}\mathrm{d}\varphi =$$

$$-\int_0^{2\pi} \varphi[\cos(n+1)\varphi + i\sin(n+1)\varphi]d\varphi =$$

$$-\int_0^{2\pi} \varphi\cos(n+1)\varphi d\varphi - i\int_0^{2\pi} \varphi\sin(n+1)\varphi d\varphi =$$

$$\frac{2\pi i}{n+1}, \quad n \neq -1$$

当 $n = -1$ 时

$$\int_{|z|=1} \frac{1}{z}\ln z dz = \int_0^{2\pi} e^{-i\varphi} i\varphi e^{i\varphi} d\varphi = -\int_0^{2\pi} \varphi d\varphi = -2\pi^2$$

（2）因 $\ln(-1) = \pi i$，故取 $k = 0$，有

$$\ln z = i\arg z = i\varphi, \quad z = e^{i\varphi}, \quad \pi \leqslant \varphi \leqslant 3\pi$$

所以

$$\int_{|z|=1} z^n \ln z dz = \int_\pi^{3\pi} e^{in\varphi} i\varphi e^{i\varphi} d\varphi = -\int_\pi^{3\pi} \varphi e^{i(n+1)\varphi} d\varphi =$$

$$i\frac{\varphi\cos(n+1)\varphi}{n+1}\Big|_\pi^{3\pi} =$$

$$(-1)^{n+1}\frac{2\pi i}{n+1}, \quad n \neq -1$$

当 $n = -1$ 时

$$\int_{|z|=1} \frac{1}{z}\ln z dz = \int_\pi^{3\pi} e^{-i\varphi} i\varphi e^{i\varphi} id\varphi = -4\pi^2$$

❶❾ 如下命题是否为真的：对每个包含在区间 $(0,1)$ 上的具正测度的集 E，数列 C_n 有性质 $|nC_n| < M$，$n = 1,2,\cdots$，这里 $C_n = \int_E e^{2\pi inx}dx$，而 M 是一个仅与 E 有关的常数.

解 我们将构造一个在 $(0,1)$ 上的开集 E，对于它，$\{nC_n\}$ 是无界的.

对正整数 p 与对 $q = 1,2,\cdots,2p$，令 E_{pq} 表示区间

$$\frac{q-1}{2}}{(2p)!} < x < \frac{q}{(2p)!}$$

容易验证没有交叠的两个区间，设

$$E_p = \bigcup_{q=1}^{2p} E_{pq}, \quad E = \bigcup_{p=1}^{\infty} E_p$$

我们将证对如上定义的集 E，当 n 通过值 $(2m)!$，而趋于 ∞ 时，$nC_n \to \infty$.

取定 m，把积分 $\int_x \exp[2\pi i(2m)! \ x]dx$ 记以 $I(X)$，则

$$I(E_{pq}) = \frac{\exp\left[\dfrac{2\pi iq(2m)!}{(2p)!}\right] - \exp\left[\dfrac{2\pi i\dfrac{q-1}{2}(2m)!}{(2p)!}\right]}{2\pi i(2m)!} \tag{1}$$

式(1)右边的分子当 $p < m$ 时为零,且当 $p = m$ 时等于 2,因此

$$C_{(2m)!} = I(E) = \frac{2m}{\pi i(2m)!} + I(E_{m+1} + E_{m+2} + \cdots) \tag{2}$$

为了确定 $I(E_{m+1} + E_{m+2} + \cdots)$,我们注意 $E_{m+1} + E_{m+2} + \cdots$ 被包含于区间 $0 < x < \dfrac{1}{(2m+1)!}$,所以

$$|I(E_{m+1} + E_{m+2} + \cdots)| < m(E_{m+1} + E_{m+2} + \cdots) < \frac{1}{(2m+1)!} \tag{3}$$

于是由式(2)与式(3)得

$$(2m)! \ |C_{(2m)!}| > \frac{2m}{\pi} - \frac{1}{2m+1}$$

这就证明了,当 $m \to \infty$ 时,这个不等式的左边趋于 ∞.

因此提出的命题的结论是不正确的.

❷⓿ 求 $I = \displaystyle\int_0^{\pi} e^{\cos x} \sin nx \sin(\sin x) \, dx$,$n$ 为正整数.

解 对 $z = \cos x + i\sin x$,我们有

$$\text{Im } e^z = \sum_{k=1}^{\infty} \frac{\sin kx}{k!}$$

方程两边用 $\sin nx$ 乘,并关于 x 由 0 到 π 积分,则左边即为 I,而右边等于

$$\frac{1}{n!} \int_0^{\pi} \sin^2 nx \, dx = \frac{\pi}{2n!}$$

❷❶ 设 E 是一个椭圆,r_1 与 r_2 是焦点半径,α 是焦点半径间的角,ds 是弧元素,求积分

$$\int_E \frac{ds}{(r_1 r_2)^{\frac{1}{2}}} \quad \text{与} \quad \int_E \cos\frac{\alpha}{2} ds$$

解 设 E 的参数表示为

$$x = a\cos\theta, y = b\sin\theta, \quad a > b > 0, 0 \leqslant \theta < 2\pi$$

则有

$$ds = [a^2 - (a^2 - b^2)\cos^2\theta]^{\frac{1}{2}} d\theta$$

$$r_1 = a - (a^2 - b^2)^{\frac{1}{2}}\cos\theta, r_2 = a + (a^2 - b^2)^{\frac{1}{2}}\cos\theta$$

由此

$$\int_E \frac{\mathrm{d}s}{(r_1 r_2)^{\frac{1}{2}}} = \int_0^{2\pi} \mathrm{d}\theta = 2\pi$$

对于 $\int_E \cos\dfrac{\alpha}{2}\mathrm{d}s$，我们使用余弦定律与半角公式而得

$$\cos\frac{\alpha}{2} = \frac{b}{\left[a^2 - (a^2 - b^2)\cos^2\theta\right]^{\frac{1}{2}}}$$

因此

$$\int_E \cos\frac{\alpha}{2}\mathrm{d}s = \int_0^{2\pi} b\mathrm{d}\theta = 2\pi b$$

㉒ 若 $b_{n+1} = \displaystyle\int_0^1 \min(x, a_n)\mathrm{d}x, a_{n+1} = \displaystyle\int_0^1 \max(x, b_n)\mathrm{d}x$，证明数列
$\{a_n\}$ 与 $\{b_n\}$ 二者收敛，并求其极限.

证 对任何 a_0, b_0 以及对所有 $n \geqslant 2$，容易看出 a_n 与 b_n 都在 0 与 1 之间.
则递归公式变为(对 $n \geqslant 2$)

$$a_{n+1} = \frac{1 + b_n^2}{2}, \quad b_{n+1} = a_n - \frac{a_n^2}{2}$$

假若我们设 $\lim a_n = a, \lim b_n = b$，则它们必满足

$$a = \frac{1 + b^2}{2}, \quad b = a - \frac{a^2}{2}$$

由此得

$$a + b - 1 = \frac{(a + b - 1)(b - a + 1)}{2}$$

因为因子 $\dfrac{b - a + 1}{2} \neq 1$，我们有 $a + b = 1$，这就产生

$$a = 2 - \sqrt{2}, \quad b = \sqrt{2} - 1$$

为证 $a_n \to a, b_n \to b$，我们令 $a_n = a + \delta_n, b_n = b + \varepsilon_n$，递归公式变为

$$\delta_{n+1} = \left(b + \frac{\varepsilon_n}{2}\right)\varepsilon_n, \quad \varepsilon_{n+1} = \left(b - \frac{\delta_n}{2}\right)\delta_n$$

令

$$|\varepsilon_n| = |b_n - b| \leqslant \max(b, 1 - b) = a$$

且

$$|\delta_n| = |a_n - a| \leqslant \max(a, 1 - a) = a$$

因此

$$\left|b+\frac{\varepsilon_n}{2}\right|\leqslant b+\frac{a}{2}=\frac{1}{\sqrt{2}}$$

$$\left|b-\frac{\delta_n}{2}\right|\leqslant b+\frac{a}{2}=\frac{1}{\sqrt{2}}$$

所以

$$|\delta_{n+1}|\leqslant\frac{|\varepsilon_n|}{\sqrt{2}}$$

且

$$|\varepsilon_{n+1}|\leqslant\frac{|\delta_n|}{\sqrt{2}}$$

这就证明了 $\delta_n\to0$ 与 $\varepsilon_n\to0$,从而完成了证明.

❷❸ 求下列积分:

$$(1)I=\int_{|z|=r}x\,\mathrm{d}z;(2)I=\int_{|z|=2}\frac{\mathrm{d}z}{z^2-1};(3)I=\int_{|z|=1}|z-1|\cdot$$
$|\,\mathrm{d}z\,|$.

解 $(1)I=\int_0^{2\pi}r\cos\theta\cdot\mathrm{i}r\mathrm{e}^{\mathrm{i}\theta}\mathrm{d}\theta=\mathrm{i}r^2\left(\int_0^{2\pi}\cos^2\theta\mathrm{d}\theta+\mathrm{i}\int_0^{2\pi}\sin\theta\cdot\cos\theta\mathrm{d}\theta\right)=$ $\pi\mathrm{i}r^2$;

$(2)I=\dfrac{1}{2}\left(\int_{|z|=2}\dfrac{\mathrm{d}z}{z-1}-\int_{|z|=2}\dfrac{\mathrm{d}z}{z+1}\right)=\dfrac{1}{2}(2\pi\mathrm{i}-2\pi\mathrm{i})=0$;

$(3)z=\mathrm{e}^{\mathrm{i}\theta}$,$|\,\mathrm{d}z\,|=\mathrm{d}\theta$,$|z-1|=2\cos\left(\dfrac{\pi-\theta}{2}\right)=2\sin\dfrac{\theta}{2}$,所以 $\dfrac{I}{2}=$ $\int_0^\pi2\sin\dfrac{\theta}{2}\mathrm{d}\theta=4$,所以 $I=8$.

❷❹ 若 Γ 表示一个单位圆的半径,问这个半径的辐角等于多少时,积分

$$\int_\Gamma\mathrm{e}^{-\frac{1}{z}}\mathrm{d}z$$

才有意义?

解法一 Γ 的方程为

$$z=r\mathrm{e}^{\mathrm{i}\varphi},\quad\mathrm{d}z=\mathrm{e}^{\mathrm{i}\varphi}\mathrm{d}r,\quad0\leqslant r\leqslant1$$

φ 为 $[0,2\pi]$ 中任意固定的数,于是

$$\int_{\Gamma} e^{-\frac{1}{z}} dz = \int_0^1 e^{-\frac{1}{r e^{i\varphi}}} e^{i\varphi} dr = e^{i\varphi} \int_0^1 e^{-\frac{1}{r}(\cos\varphi - i\sin\varphi)} dr =$$

$$e^{i\varphi} \int_0^1 e^{-\frac{1}{r}\cos\varphi} \cdot e^{\frac{i}{r}\sin\varphi} dr$$

所以只需讨论积分 $\int_0^1 e^{-\frac{1}{r}\cos\varphi} e^{\frac{i}{r}\sin\varphi} dr$，我们以 $\cos\varphi$ 的符号情况，分别加以研究.

(1) 当 $-\dfrac{\pi}{2} < \varphi < \dfrac{\pi}{2}$ 时，$\cos\varphi > 0$，有

$$\int_0^1 |e^{-\frac{1}{r}\cos\varphi} e^{\frac{i}{r}\sin\varphi}| dr \leqslant \int_r^1 e^{-\frac{1}{r}\cos\varphi} dr \leqslant \int_0^1 e^0 dr = 1$$

所以积分 $\int_0^1 e^{-\frac{1}{r}\cos\varphi} e^{\frac{i}{r}\sin\varphi} dr$ 绝对收敛，即 $\int_{\Gamma} e^{-\frac{1}{z}} dz$ 绝对收敛.

解法二 用无穷积分考虑.

当 $-\dfrac{\pi}{2} < \varphi < \dfrac{\pi}{2}$ 时，令 $\cos\varphi = a > 0$，$\sin\varphi = \sqrt{1-a^2} = b$，则

$$\int_0^1 |e^{-\frac{1}{r}\cos\varphi} e^{\frac{i}{r}\sin\varphi}| dr =$$

$$\int_0^n \left| e^{-\frac{a}{r}} \left(\cos\frac{b}{r} + i\sin\frac{b}{r} \right) \right| dr = N_*$$

作变量代换，令 $\dfrac{1}{r} = p$，于是

$$N_* = \int_1^\infty \left| \frac{e^{-ap}}{p^2} (\cos bp + i\sin bp) \right| dp \leqslant$$

$$\int_0^\infty \frac{|\cos bp|}{e^{ap} \cdot p^2} dp + \int_1^\infty \frac{|\sin bp|}{e^{ap} \cdot p^2} dp \leqslant 2\int_1^\infty \frac{dp}{p^2}$$

而积分 $\int_1^\infty \dfrac{dp}{p^2}$ 收敛，故原积分绝对收敛.

(2) 当 $\dfrac{\pi}{2} < \varphi < \dfrac{3\pi}{2}$ 时，$\cos\varphi < 0$，令 $\cos\varphi = -a(a > 0)$，$\sin\varphi = \sqrt{1-a^2} = b$，则

$$\int_0^1 e^{-\frac{1}{r}\cos\varphi} e^{\frac{i}{r}\sin\varphi} dr =$$

$$\int_1^\infty \frac{e^{ap}}{p^2} \cos bp \, dp + i\int_1^\infty \frac{e^{ap}}{p^2} \sin bp \, dp$$

这里 $p = \dfrac{1}{r}$ 作了代换.

估计虚部的积分，对任意大的 N，总可取 $N_2 > N_1 > N$，且使 $bN_1 = \pm 2k\pi + \dfrac{\pi}{6}$，$bN_2 = \pm 2k\pi + \dfrac{5}{6}\pi$(图 7)，其中 k 为自然数.

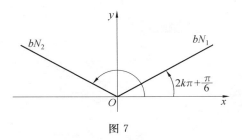

图 7

因为 $\lim\limits_{p\to\infty}\dfrac{\mathrm{e}^{ap}}{p^2}=\infty$，所以对任意给定的正数 M，存在 P_0，使当 $P>P_0$ 时，有 $\dfrac{\mathrm{e}^{ap}}{p^2}>M$，而

$$\int_{N_1}^{N_2}\frac{\mathrm{e}^{ap}}{p^2}\sin bp\,\mathrm{d}p\geqslant\int_{N_1}^{N_2}\frac{\mathrm{e}^{ap}}{p^2}\left(\frac{1}{2}\right)\mathrm{d}p=\frac{1}{2}\int_{N_1}^{N_2}\frac{\mathrm{e}^{ap}}{p^2}\mathrm{d}p$$

取 $N>P_0$，则

$$\int_{N_1}^{N_2}\frac{\mathrm{e}^{ap}}{p^2}\mathrm{d}p>M\int_{N_1}^{N_2}\mathrm{d}p=M(N_2-N_1)=\frac{2M\pi}{3b}$$

所以，不论多么大的 N，均存在 $N_2>N_1>N$，使

$$\left|\int_{N_1}^{N_2}\frac{\mathrm{e}^{ap}}{p^2}\sin bp\,\mathrm{d}p\right|\geqslant\frac{1}{2}\frac{2M\pi}{3b}=\frac{M\pi}{3b}$$

故 $\displaystyle\int_1^\infty\frac{\mathrm{e}^{ap}}{p^2}\sin bp\,\mathrm{d}p$ 发散，因而 $\displaystyle\int_0^1\mathrm{e}^{-\frac{1}{r}\cos\varphi}\mathrm{e}^{\frac{\mathrm{i}}{r}\sin\varphi}\mathrm{d}r$ 发散，即 $\displaystyle\int_\Gamma\mathrm{e}^{-\frac{1}{z}}\mathrm{d}z$ 发散.

（3）当 $\varphi=\pm\dfrac{\pi}{2}$ 时，$\cos\varphi=0$，故有

$$\int_0^1\mathrm{e}^{-\frac{1}{r}\cos\varphi}\mathrm{e}^{\frac{\mathrm{i}}{r}\sin\varphi}\mathrm{d}r=\int_0^1\mathrm{e}^{\pm\frac{\mathrm{i}}{r}}\mathrm{d}r=$$

$$\int_0^1\left(\cos\frac{1}{r}\pm\mathrm{i}\sin\frac{1}{r}\right)\mathrm{d}r=$$

$$\int_1^\infty\cos p\,\frac{\mathrm{d}p}{p^2}\pm\mathrm{i}\int_1^\infty\sin p\cdot\frac{\mathrm{d}p}{p^2},\quad p=\frac{1}{r}$$

因为 $\displaystyle\int_1^\infty\frac{\mathrm{d}p}{p^2}$ 收敛，所以原积分 $\displaystyle\int_\Gamma\mathrm{e}^{-\frac{1}{z}}\mathrm{d}z$ 收敛.

㉕ 设 Γ 为逐段光滑曲线，$f(z)$ 为 Γ 上的连续函数，若定义

$$\int_\Gamma|f(z)||\mathrm{d}z|=\lim_{\lambda\to0}\sum_{k=1}^n|f(\xi_k)||\Delta z_k|$$

试证明：$\displaystyle\int_\Gamma|f(z)||\mathrm{d}z|=\int_\Gamma|f(z)|\mathrm{d}s.$

证 设 Γ 的方程为

$$z = z(t) = x(t) + iy(t), \quad \alpha \leqslant t \leqslant \beta$$

对任意的划分及任意选取的 $\xi_k \in \overset{\frown}{z_{k-1}z_k}$(图 8),有

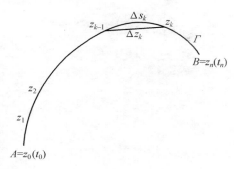

图 8

$$\sum_{k=1}^{n} \mid f(\xi_k)\Delta z_k \mid = \sum_{k=1}^{n} \mid f(\xi_k) \mid \sqrt{\Delta x_k^2 + \Delta y_k^2} =$$

$$\sum_{k=1}^{n} \mid f[z(\tau_k)] \mid \sqrt{[x(t_k) - x(t_{k-1})]^2 + [y(t_k) - y(t_{k-1})]^2}$$

$$\tau_k \in [t_{k-1}, t_k]$$

由中值定理及 $x'(t), y'(t)$ 的连续性可知

$$\sum_{k=1}^{n} \mid f(\xi_k) \mid \mid \Delta z_k \mid$$

$$\sum_{k=1}^{n} \mid f[z(\tau_k)] \mid \sqrt{[x'(t'_k)]^2 + [y'(t''_k)]^2}\, \Delta t_k =$$

$$\sum_{k=1}^{n} \mid f[z(\tau_k)] \mid [\sqrt{[x'(t_k)]^2 + [y'(t_k)]^2}\, \Delta t_k + \varepsilon_k \Delta t_k]$$

$$t'_k, t''_k \in (t_{k-1}, t_k)$$

又

$$\lim_{\max|\Delta t_k| \to 0} \sum_{k=1}^{n} \mid f[z(\tau_k)] \mid \sqrt{[x'(t_k)]^2 + [y'(t_k)]^2}\, \Delta t_k =$$

$$\int_{\alpha}^{\beta} \mid f[z(t)] \mid \sqrt{[x'(t)]^2 + [y'(t)]^2}\, dt =$$

$$\int_{\Gamma} \mid f(z) \mid ds$$

于是

$$\left| \sum_{k=1}^{n} \mid f(\xi_k) \mid \mid \Delta z_k \mid - \right.$$

$$\left. \sum_{k=1}^{n} \mid f[z(t_k)] \mid \sqrt{[x'(t_k)]^2 + [y'(t_k)]^2} \, \Delta t_k \right| \leqslant$$

$$\left| \sum_{k=1}^{n} \mid f[z(\tau_k)] \mid \sqrt{[x'(t_k)]^2 + [y'(t_k)]^2} \, \Delta t_k + \right.$$

$$\left. \varepsilon_k \Delta t_k - \sum_{k=1}^{n} \mid f[z(\tau_k)] \mid \sqrt{[x'(t_k)]^2 + [y'(t_k)]^2} \, \Delta t_k \right| \leqslant$$

$$\sum_{k=1}^{n} \mid f[z(\tau_k)] \mid \varepsilon_k \Delta t_k$$

由于 $\mid f[z(t)] \mid$ 是 $[\alpha, \beta]$ 上的连续函数,所以

$$\mid f[z(t)] \mid \leqslant M, \quad M \text{ 为常数}$$

又 $\sqrt{[x'(t)]^2 + [y'(t)]^2}$ 也是 $[\alpha, \beta]$ 上的连续函数,故是一致连续的,即当小弧的长的最大值充分小时,$\mid \varepsilon_k \mid < \varepsilon$,所以有

$$0 \leqslant \sum_{k=1}^{n} \mid f[z(\tau_k)] \mid \varepsilon_k \Delta t_k \leqslant M\varepsilon \sum_{k=1}^{n} \Delta t_k = M\varepsilon(\beta - \alpha)$$

故

$$\int_{\Gamma} \mid f(z) \mid \mid dz \mid = \int_{\Gamma} \mid f(z) \mid ds$$

㉖ 试证 $\left| \int_{\Gamma} f(z) dz \right| \leqslant \int_{\Gamma} \mid f(z) \mid ds.$

证 显然有

$$\left| \sum_{k=1}^{n} f(\zeta_k) \Delta z_k \right| \leqslant \sum_{k=1}^{n} \mid f(\zeta_k) \mid \mid \Delta z_k \mid \leqslant \sum_{k=1}^{n} \mid f(\zeta_k) \mid \Delta s_k$$

两边取极限即得

$$\left| \int_{\Gamma} f(z) dz \right| \leqslant \int_{\Gamma} \mid f(z) \mid ds$$

现将第一型曲线积分 $\int_{\Gamma} \mid f(z) \mid ds$ 表示为 $\int_{\Gamma} \mid f(z) \mid \mid dz \mid$,于是有

$$\left| \int_{\Gamma} f(z) dz \right| \leqslant \int_{\Gamma} \mid f(z) \mid \mid dz \mid .$$

㉗ 若 $f(z)$ 沿 Γ 满足关系 $\mid f(z) \mid \leqslant M(M > 0)$,则

$$\left| \int_{\Gamma} f(z) dz \right| \leqslant M \cdot l, l \text{ 是 } \Gamma \text{ 的长度}.$$

证 因为 $|f(z)| \leqslant M$，所以

$$\left| \sum_{k=1}^{n} f(\zeta_k)\Delta z_k \right| \leqslant M \sum_{k=1}^{n} |\Delta z_k| \leqslant M \cdot l$$

因而有

$$\left| \int_{r} f(z)\mathrm{d}z \right| \leqslant M \cdot l$$

❷❽ 设 f 于域 G 上连续，r 为 G 上的分段光滑曲线，若存在常数 $M \geqslant 0$ 使 $|f(z)| \leqslant M$，对 r 上的所有点 z（即 $z = r(t)$ 对某个 t），则

$$\left| \int_{r} f\mathrm{d}z \right| \leqslant Ml(r)$$

更一般有

$$\left| \int_{r} f\mathrm{d}z \right| \leqslant \int_{r} |f|\,\mathrm{d}|z|$$

后一积分定义为

$$\int_{r} |f|\,\mathrm{d}|z| = \int_{a}^{b} |f(r(t))|\,|r'(t)|\,\mathrm{d}t$$

而 $l(r)$ 为曲线 $r:[a,b] \to C$ 之长.

证 对 $[a,b]$ 上的复值函数 $g(t)$，若 $g(t) = u(t) + \mathrm{i}v(t)$，则

$$\int_{a}^{b} g(t)\mathrm{d}t = \int_{a}^{b} u(t)\mathrm{d}t + \mathrm{i}\int_{a}^{b} v(t)\mathrm{d}t$$

故有

$$\mathrm{Re} \int_{a}^{b} g(t)\mathrm{d}t = \int_{a}^{b} \mathrm{Re}\, g(t)\mathrm{d}t$$

由此我们来证

$$\left| \int_{a}^{b} g(t)\mathrm{d}t \right| \leqslant \int_{a}^{b} |g(t)|\,\mathrm{d}t$$

（注意对实值函数这是已知的，但这里 $g(t)$ 为复值）.

为此令 $\int_{a}^{b} g(t)\mathrm{d}t = \rho\mathrm{e}^{\mathrm{i}\theta}$，对固定的 ρ,θ，因此

$$\rho = \mathrm{e}^{-\mathrm{i}\theta}\int_{a}^{b} g(t)\mathrm{d}t = \int_{a}^{b} \mathrm{e}^{-\mathrm{i}\theta}g(t)\mathrm{d}t$$

所以

$$\rho = \mathrm{Re}\,\rho = \mathrm{Re}\int_{a}^{b} \mathrm{e}^{-\mathrm{i}\theta}g(t)\mathrm{d}t = \int_{a}^{b} \mathrm{Re}(\mathrm{e}^{-\mathrm{i}\theta}g(t))\mathrm{d}t$$

但因

$$\mathrm{Re}(e^{-i\theta}g(t)) \leqslant |\,e^{i\theta}g(t)\,| = |\,g(t)\,|$$

于是

$$\int_a^b \mathrm{Re}(e^{-i\theta}g(t))\mathrm{d}t \leqslant \int_a^b |\,g(t)\,|\,\mathrm{d}t$$

因此

$$\left|\int_a^b g(t)\mathrm{d}t\right| = \rho \leqslant \int_a^b |\,g(t)\,|\,\mathrm{d}t \tag{1}$$

从而

$$\left|\int_r f\,\mathrm{d}z\right| = \left|\int_a^b f(r(t))r'(t)\mathrm{d}t\right| \leqslant$$
$$\int_a^b |\,f(r(t))r'(t)\,|\,\mathrm{d}t =$$
$$\int_a^b |\,f(r(t))\,|\,|\,r'(t)\,|\,\mathrm{d}t \tag{2}$$

表示式(2)是初等实积分,因 $|\,f(r(t))\,| \leqslant M$,所以它的界是

$$M\int_a^b |\,r'(t)\,|\,\mathrm{d}t = Ml(r)$$

❷❾ 证明 $\left|\int_\Gamma (x^2+iy^2)\mathrm{d}z\right| \leqslant 2$,$\Gamma$ 为联结点 $-i$ 到 i 的直线段.

证 在 Γ 上

$$x^2+iy^2 = iy^2, \mathrm{d}z = i\mathrm{d}y, \quad -1 \leqslant y \leqslant 1$$

故在 Γ 上有

$$|\,x^2+iy^2\,| = |\,iy^2\,| = y^2 \leqslant 1$$

又 Γ 的长度为 2. 于是

$$\left|\int_\Gamma (x^2+iy^2)\mathrm{d}z\right| \leqslant 1\times 2 = 2$$

❸⓪ 证明 $\left|\int_\Gamma (x^2+iy^2)\mathrm{d}z\right| \leqslant \pi$,$\Gamma$ 为联结点 $-i$ 到点 i 的右半圆周.

证 因为在 Γ 上 $x^2+y^2=1$,而

$$|\,x^2+iy^2\,| = \sqrt{x^4+y^4} \leqslant x^2+y^2$$

故在 Γ 上,$|\,x^2+iy^2\,| \leqslant 1$. 又 Γ 的长度为 π,于是

$$\left|\int_\Gamma (x^2+iy^2)\mathrm{d}z\right| \leqslant 1\cdot \pi$$

㉛ 若 $|a| \neq R$,则

$$\int_{|z|=R} \frac{|\,dz\,|}{|\,z-a\,|\,|\,z+a\,|} \leqslant \frac{2\pi R}{|\,R^2 - |\,a\,|^2\,|}$$

证法一 令

$$z = R(\cos\varphi + i\sin\varphi), \quad 0 \leqslant \varphi \leqslant 2\pi$$
$$a = r(\cos\alpha + i\sin\alpha)$$

因为

$$\int_{\Gamma} |\,f(z)\,|\,|\,dz\,| = \int_{\Gamma} |\,f(z)\,|\,ds$$

所以

$$\int_{|z|=R} \frac{|\,dz\,|}{|\,z+a\,|\,|\,z-a\,|} =$$

$$\int_0^{2\pi} \frac{\sqrt{(R\cos\varphi)^2 + (R\sin\varphi)^2}}{\sqrt{(R\cos\varphi - r\cos\alpha)^2 + (R\sin\varphi - r\sin\alpha)^2}} \cdot$$

$$\frac{1}{\sqrt{(R\cos\varphi + r\cos\alpha)^2 + (R\sin\varphi + r\sin\alpha)^2}}\,d\varphi =$$

$$\int_0^{2\pi} \frac{R\,d\varphi}{\sqrt{(R^2 + r^2)^2 - 4R^2 r^2 \cos^2(\varphi - \alpha)}} \leqslant$$

$$\int_0^{2\pi} \frac{R\,d\varphi}{\sqrt{(R^2 - r^2)^2}} =$$

$$\int_0^{2\pi} \frac{R\,d\varphi}{|\,R^2 - r^2\,|} = \frac{2\pi R}{|\,R^2 - |\,a\,|^2\,|}$$

证法二 $\int_{|z|=R} \dfrac{|\,dz\,|}{|\,z-a\,|\,|\,z+a\,|} =$

$$\int_{|z|=R} \frac{|\,dz\,|}{|\,z^2 - a^2\,|} \leqslant \int_{|z|=R} \frac{|\,dz\,|}{|\,|\,z\,|^2 - |\,a\,|^2\,|} =$$

$$\frac{1}{|\,R^2 - |\,a\,|^2\,|} \int_{|z|=R} |\,dz\,| = \frac{2\pi R}{|\,R^2 - |\,a\,|^2\,|}$$

㉜ 证明:若 $f(z)$ 在点 $z = a$ 的邻域内连续,则

$$\lim_{r \to 0} \int_{|z-a|=r} \frac{f(z)\,dz}{z-a} = 2\pi i f(a)$$

证 因为 $f(z)$ 在 $z = a$ 的邻域内连续,所以对任给 $\varepsilon > 0$,存在 $\delta > 0$,当 $|\,z-a\,| < \delta$ 时,有

$$|\,f(a + re^{i\varphi}) - f(a)\,| < \varepsilon$$

又

$$\int_{|z-a|=r} \frac{f(z)\mathrm{d}z}{z-a} = \int_0^{2\pi} \frac{f(a+re^{i\varphi})ire^{i\varphi}\mathrm{d}\varphi}{re^{i\varphi}} =$$

$$i\int_0^{2\pi} f(a+re^{i\varphi})\mathrm{d}\varphi$$

所以

$$\left| \int_{|z-a|=r} \frac{f(z)\mathrm{d}z}{z-a} = 2\pi i f(a) \right| =$$

$$\left| i\int_0^{2\pi} f(a+re^{i\varphi})\mathrm{d}\varphi - i\int_0^{2\pi} f(a)\mathrm{d}\varphi \right| \leqslant$$

$$\int_0^{2\pi} | f(a+re^{i\varphi}) - f(a) | \mathrm{d}\varphi < \varepsilon \int_0^{2\pi} \mathrm{d}\varphi = 2\pi\varepsilon$$

即

$$\lim_{r\to 0} \int_{z-a=r} \frac{f(z)\mathrm{d}z}{z-a} = 2\pi i f(a)$$

㉝ 证明以下论断：

（1）若 $f(z)$ 在半带形 $x \geqslant x_0, 0 \leqslant y \leqslant h$ 上连续，且极限 $\lim\limits_{x\to\infty} f(x+iy)=A$，不依赖于 y，则

$$\lim_{x\to\infty} \int_{\beta_x} f(z)\mathrm{d}z = iAh$$

其中 β_x 是半带形区域 $x \geqslant x_0, 0 \leqslant y \leqslant h$ 内横坐标为 x 的垂直向上的线段（图 9）.

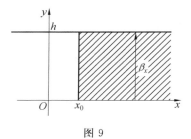

图 9

（2）若 $f(z)$ 在域 $|z| \geqslant R_0, 0 \leqslant \arg z \leqslant \alpha, 0 \leqslant \alpha \leqslant 2\pi$ 上连续，且 $\lim\limits_{|z|\to\infty} zf(z)=A$，则

$$\lim_{R\to\infty} \int_{\Gamma_R} f(z)\mathrm{d}z = iA\alpha$$

其中 Γ_R 是已给域中在圆周 $|z|=R(R>R_0)$ 上的按辐角增大的方向的一段弧.

证 （1）因为 $f(z)$ 在半带形 $x \geqslant x_0, 0 \leqslant y \leqslant h$ 上连续,所以积分 $\displaystyle\int_{\beta_x} f(z)\mathrm{d}z$ 存在,其中 β_x 是如图(9)所示的从下向上的垂直线段.

又因 $\displaystyle\lim_{x\to\infty} f(x+\mathrm{i}y)=A$,且不依赖于 y,即对于任给 $\varepsilon>0$,存在 $M>0$,当 $x>M$ 时,有

$$|f(x+\mathrm{i}y)-A|<\varepsilon$$

又由于

$$\int_{\beta_x} A\mathrm{d}z = A\int_0^h \mathrm{i}ay = A\mathrm{i}h$$

故当 $x>M$ 时

$$\left|\int_{\beta_x} f(z)\mathrm{d}z - A\mathrm{i}h\right| = \left|\int_{\beta_x} f(z)\mathrm{d}z - \int_{\beta_x} A\mathrm{d}z\right| \leqslant$$

$$\int_{\beta_x} |f(z)-A||\mathrm{d}z| < \varepsilon\int_{\beta_x}|\mathrm{d}z| = h\varepsilon$$

即

$$\lim_{x\to\infty}\int_{\beta_x} f(z)\mathrm{d}z = \mathrm{i}Ah$$

（2）因为 $\displaystyle\lim_{|z|\to\infty} zf(z)=A$,所以对任给 $\varepsilon>0$,存在 $R^*\geqslant R_0>0$,当 $|z|>R^*$ 时,有

$$|zf(z)-A|<\varepsilon$$

即

$$\left|f(z)-\frac{A}{z}\right| < \frac{\varepsilon}{|z|}$$

于是,当 $R>R^*$ 时

$$\left|\int_{\Gamma_R} f(z)\mathrm{d}z - \int_{\Gamma_R}\frac{A}{z}\mathrm{d}z\right| < \varepsilon\int_{\Gamma_R}\frac{|\mathrm{d}z|}{|z|} = \frac{\varepsilon}{R}\cdot R\alpha = \varepsilon\alpha$$

而

$$\int_{\Gamma_R}\frac{A}{z}\mathrm{d}z = A\int_0^\alpha \frac{\mathrm{i}R\mathrm{e}^{\mathrm{i}\varphi}\mathrm{d}\varphi}{R\mathrm{e}^{\mathrm{i}\varphi}} = \mathrm{i}A\alpha$$

与 R 无关,所以

$$\lim_{R\to\infty}\int_{\Gamma_R} f(z)\mathrm{d}z = \mathrm{i}A\alpha$$

❸❹ 证明(若尔当引理):若 $f(z)$ 在域 $|z|\geqslant R_0$,$\mathrm{Im}\,z\geqslant a$ 上连

续(a 为实数),且

$$\lim_{z \to \infty} f(z) = 0$$

则对任意的正数 m,有

$$\lim_{R \to \infty} \int_{\Gamma_R} e^{imz} f(z) \mathrm{d}z = 0$$

其中 Γ_R 是圆周 $|z| = R$ 在已给域中的一段弧.

证 设 $a < 0$,因 $f(z)$ 在域 $|z| \geqslant R_0$,$\mathrm{Im}\, z \geqslant a$ 上连续,令

$$M_R = \sup\{ |f(z)| \mid z \in \Gamma_R \}$$

是已给域中包含圆 $|z| = R$ 的一段弧.由于

$$\lim_{z \to \infty} f(z) = 0$$

所以

$$\lim_{|z| = R \to \infty} M_R = 0$$

因为

$$|e^{imz}| = |e^{imx - my}| = e^{-my} \leqslant e^{-ma}$$

而

$$\left| \int_{\widehat{BC}} e^{imz} f(z) \mathrm{d}z \right| \leqslant M_R e^{-ma} \int_{\widehat{BC}} |\mathrm{d}z| = M_R e^{-ma} L$$

其中 L 为弧 $\widehat{BC}$ 的长(图 10).

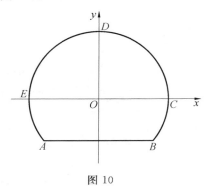

图 10

又因

$$L = R \arcsin \frac{|a|}{R} = \frac{|a| \arcsin \dfrac{|a|}{R}}{\dfrac{|a|}{R}} \to |a|, \quad R \to \infty$$

所以

$$\lim_{R\to\infty} M_R \mathrm{e}^{-ma} L = 0$$

于是得到

$$\lim_{R\to\infty} \int_{\widehat{BC}} \mathrm{e}^{imz} f(z)\,\mathrm{d}z = 0$$

同理

$$\lim_{R\to\infty} \int_{\widehat{EA}} \mathrm{e}^{imz} f(z)\,\mathrm{d}z = 0$$

而

$$\left| \int_{\widehat{CDE}} \mathrm{e}^{imz} f(z)\,\mathrm{d}z \right| = \left| \int_0^\pi \mathrm{e}^{imR(\cos\varphi + i\sin\varphi)} \cdot f(R\mathrm{e}^{i\varphi}) iR\mathrm{e}^{i\varphi}\,\mathrm{d}\varphi \right| \leqslant$$

$$M_R R \int_0^\pi \mathrm{e}^{-mR\sin\varphi}\,\mathrm{d}\varphi = 2M_R R \cdot \int_0^{\frac{\pi}{2}} \mathrm{e}^{-mR\sin\varphi}\,\mathrm{d}\varphi \leqslant$$

$$2M_R R \int_0^{\frac{\pi}{2}} \mathrm{e}^{-\frac{2mR\varphi}{\pi}}\,\mathrm{d}\varphi =$$

$$2M_R R \cdot \left(-\frac{\mathrm{e}^{-\frac{2mR}{\pi}\varphi}}{\frac{2mR}{\pi}} \right) \Bigg|_0^{\frac{\pi}{2}} =$$

$$\frac{\pi M_R}{m}(1 - \mathrm{e}^{-mR}) \to 0, \quad R \to \infty$$

其中,当 $0 \leqslant \varphi \leqslant \frac{\pi}{2}$ 时,$\sin\varphi \geqslant \frac{2\varphi}{\pi}$.

事实上,若令 $f(\varphi) = \frac{\sin\varphi}{\varphi}$,用导数可证,$f(\varphi)$ 为递减函数,$0 \leqslant \varphi \leqslant \frac{\pi}{2}$,故 $f(\varphi) \geqslant f\left(\frac{\pi}{2}\right)$,即 $\frac{\sin\varphi}{\varphi} \geqslant \frac{2}{\pi}$. 所以

$$\lim_{R\to\infty} \int_{\widehat{CDE}} \mathrm{e}^{imz} f(z)\,\mathrm{d}z = 0$$

于是

$$\lim_{R\to\infty} \int_{\Gamma_R} \mathrm{e}^{imz} f(z)\,\mathrm{d}z = \lim_{R\to\infty}\left(\int_{\widehat{BC}} + \int_{\widehat{CDE}} + \int_{\widehat{EA}} \right) = 0$$

其中积分号下省写了的被积函数均为 $\mathrm{e}^{imz} f(z)$.

当 $a \geqslant 0$,由于已证

$$\lim_{R\to\infty} \int_{\widehat{CDE}} \mathrm{e}^{imz} f(z)\,\mathrm{d}z = 0$$

所以

$$\lim_{R\to\infty} \int_{\Gamma_R} \mathrm{e}^{imz} f(z)\,\mathrm{d}z = 0$$

㉟ 证明:若 $f(z)$ 在 $|z|\leqslant 1$ 上连续,且对任意的正数 $\rho(0<\rho<1)$,有 $\int_{|z|=\rho}f(z)\mathrm{d}z=0$,则

$$\int_{|z|=1}f(z)\mathrm{d}z=0$$

证 因 $f(z)$ 在闭域 $|z|\leqslant 1$ 上连续,所以 $f(z)$ 在其上一致连续.于是,对任给 $\varepsilon>0$,存在 $\delta>0$,对闭域 $|z|\leqslant 1$ 上任意两点 z' 与 z'',只要 $|z'-z''|<\delta$ 时,就有

$$|f(z')-f(z'')|<\varepsilon$$

取 $\rho>1-\delta$(这里 $\delta<1$).于是对任意两点,$z'=\mathrm{e}^{\mathrm{i}\varphi}$,$z''=\rho\mathrm{e}^{\mathrm{i}\varphi}(0\leqslant\varphi\leqslant 2\pi)$,因为

$$|z'-z''|=1-\rho<\delta$$

故有

$$|f(\mathrm{e}^{\mathrm{i}\varphi})-f(\rho\mathrm{e}^{\mathrm{i}\varphi})|<\varepsilon$$

而

$$\int_{|z|=\rho}f(z)\mathrm{d}z=0$$

所以

$$\left|\int_{|z|=1}f(z)\mathrm{d}z\right|=\left|\int_{|z|=1}f(z)\mathrm{d}z-\frac{1}{\rho}\int_{|z|=\rho}f(z)\mathrm{d}z\right|=$$

$$\left|\int_0^{2\pi}f(\mathrm{e}^{\mathrm{i}\varphi})\mathrm{i}\mathrm{e}^{\mathrm{i}\varphi}\mathrm{d}\varphi-\frac{1}{\rho}\int_0^{2\pi}f(\rho\mathrm{e}^{\mathrm{i}\varphi})\mathrm{i}\rho\mathrm{e}^{\mathrm{i}\varphi}\mathrm{d}\varphi\right|\leqslant$$

$$\int_0^{2\pi}|f(\mathrm{e}^{\mathrm{i}\varphi})-f(\rho\mathrm{e}^{\mathrm{i}\varphi})|\mathrm{d}\varphi<2\pi\varepsilon$$

由 ε 的任意性知

$$\int_{|z|=1}f(z)\mathrm{d}z=0$$

㊱ 设 $f(z)$ 在单连通域 G 内解析,除掉某点 $z_0\in G$,若 $|f|$ 在 z_0 附近有界,则对任何包含 z_0 的闭曲线 $r\int_r f(z)\mathrm{d}z=0$.

证 对 $\varepsilon>0$,令 r_ε 表示以 z_0 为心,ε 为半径的圆,在 z_0 的邻近设 $|f|\leqslant M$.

则由复连通域内的柯西(Cauchy)定理

$$\int_r f\mathrm{d}z=\int_{r_\varepsilon}f\mathrm{d}z$$

因而

$$\left| \int_r f \mathrm{d}z \right| = \left| \int_{r_\epsilon} f \mathrm{d}z \right| \leqslant M \cdot 2\pi\epsilon$$

而 $\epsilon > 0$ 为任取,故 $\int_r f \mathrm{d}z = 0$.

㊲ 对什么样的简单闭曲线 r 有

$$\int_r \frac{\mathrm{d}z}{z^2 + z + 1} = 0$$

答 此积分为零的充要条件是 r 不包含方程 $z^2 + z + 1 = 0$ 的两根 $-\frac{1}{2} \pm \frac{\sqrt{3}}{2}\mathrm{i}$ 中的任一个.

㊳ 柯西定理对 f 的实、虚部分是否保持?

解 不,例如 $f(z) = z$,$r(t) = \mathrm{e}^{\mathrm{i}t}$,$t \in [0, 2\pi]$(单位圆),则

$$\int_r \operatorname{Re} f(z) \mathrm{d}z = \pi\mathrm{i}, \quad \int_r \operatorname{Im} f(z) \mathrm{d}z = -\pi$$

㊴ 求 $\int_r \dfrac{2z^2 - 15z + 30}{z^3 - 10z^2 + 32z - 32} \mathrm{d}z$,其中 r 为圆 $|z| = 3$.

解 利用部分分式,注意分母有根 $z = 2$,结果得 $4\pi\mathrm{i}$.

㊵ 设 A 为以 x 轴和曲线 $\sigma(\theta) = R\mathrm{e}^{\mathrm{i}\theta}$ 为边界所围成的区域,这里 $0 \leqslant \theta \leqslant \pi$,$R > 0$ 固定,设 $f(z) = \dfrac{\mathrm{e}^{z^2}}{(2R - z)^2}$,证明对 A 内的任何闭曲线 r 有 $\int_r f \mathrm{d}z = 0$(图 11).

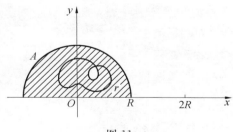

图 11

证　因 f 除 $z=2R$ 外为解析,而 $z=2R$ 又在 A 外,同时 A 为凸区域,从而为单连通域.故直接由柯西定理即得.

❹❶ 若 $f(z)$ 在单连通域 D 内解析,且 $f'(z)$ 连续,则对 D 内任一闭路 Γ,有

$$\int_\Gamma f(z)\mathrm{d}z = 0$$

证　回顾线积分的格林(Green)定理:当 P,Q 有连续的偏导数且 $P'_y = Q'_x$ 时,$\int_\Gamma P\mathrm{d}x + Q\mathrm{d}y = 0$.

由本书第 1 题知,$\int_\Gamma f(z)\mathrm{d}z = \int_\Gamma u\mathrm{d}x - \int_\Gamma v\mathrm{d}y + \mathrm{i}\left(\int_\Gamma v\mathrm{d}x + \int_\Gamma u\mathrm{d}y\right)$,又因 $f'(z)$ 连续,所以 u,v 都有连续的偏导数,于是由等式 $u'_y = -v'_x$,并据格林定理即得

$$\int_\Gamma u\mathrm{d}x - \int_\Gamma v\mathrm{d}y = 0$$

同样,由 $v_y = u_x$,并据格林定理便得

$$\int_\Gamma v\mathrm{d}x + \int_\Gamma u\mathrm{d}y = 0$$

因此

$$\int_\Gamma f(z)\mathrm{d}z = \int_\Gamma u\mathrm{d}x - \int_\Gamma v\mathrm{d}y + \mathrm{i}\left(\int_\Gamma v\mathrm{d}x + \int_\Gamma u\mathrm{d}y\right) = 0$$

证毕.

❹❷ 设 $f(z)$ 于单连通域 D 内连续且沿 D 内任一闭路积分等于零,则函数 $F(z) = \displaystyle\int_{z_0}^{z} f(\zeta)\mathrm{d}\zeta \,(z_0,z \in D)$ 于 D 内解析,且 $F'(z) = f(z)$.

证　由所设条件已保证 $F(z)$ 是一单值函数.以下只需要证明 $F(z)$ 在 D 内处处可导且 $F'(z) = f(z)$.

任取点 $z \in D$,作差商

$$\frac{F(z+\Delta z) - F(z)}{\Delta z} = \frac{1}{\Delta z}\left[\int_{z_0}^{z+\Delta z} f(\zeta)\mathrm{d}\zeta - \int_{z_0}^{z} f(\zeta)\mathrm{d}\zeta\right]$$

为保证 $z+\Delta z$ 仍属于 D,只要取点 z 的一个含于 D 的邻域(这是办得到的),而将点 $z+\Delta z$ 取在此领域内就行了.

因为根据假设,积分 $\int_{z_0}^{z+\Delta z} f(\zeta)\mathrm{d}\zeta$ 与联结点 z_0 和点 $z+$ Δz 的曲线无关. 因此,我们将由点 z_0 到 $z+\Delta z$ 的路径作如

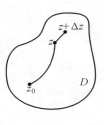

图 12

下选取:从 z_0 到 z 的那一段取得与积分 $\int_{z_0}^{z} f(\zeta)\mathrm{d}\zeta$ 的路径相同,从 z 到 $z+\Delta z$ 的那一段则取为直线段(它必含于 D),见图 12,于是有

$$\int_{z_0}^{z+\Delta z} f(\zeta)\mathrm{d}\zeta - \int_{z_0}^{z} f(\zeta)\mathrm{d}\zeta = \int_{z_0}^{z+\Delta z} f(\zeta)\mathrm{d}\zeta$$

因此

$$\frac{F(z+\Delta z)-F(z)}{\Delta z} = \frac{1}{\Delta z}\int_{z_0}^{z+\Delta z} f(\zeta)\mathrm{d}\zeta$$

我们的目的是要证明:当 $|\Delta z|$ 充分小时,$\left|\dfrac{F(z+\Delta z)-F(z)}{\Delta z}-f(z)\right|$ 或 $\left|\int_{z}^{z+\Delta z} f(\zeta)\mathrm{d}\zeta - f(z)\right|$ 可任意小,为估计这一差式的值,我们将 $f(z)$ 写成积分形式

$$f(z) = f(z)\cdot\int_{z}^{z+\Delta z}\mathrm{d}\zeta = \int_{z}^{z+\Delta z} f(\zeta)\mathrm{d}\zeta$$

于是

$$\left|\frac{1}{\Delta z}\int_{z}^{z+\Delta z} f(\zeta)\mathrm{d}\zeta - f(z)\right| = \left|\frac{1}{\Delta z}\int_{z}^{z+\Delta z}\big[f(\zeta)-f(z)\big]\mathrm{d}\zeta\right|$$

由假设,$f(z)$ 于 D 连续,$f(z)$ 当然也于点 z 连续,故对任给的 $\varepsilon > 0$,存在 $\delta > 0$,当 $|\zeta - z| < \delta$ 时,$|f(\zeta)-f(z)| < \varepsilon$. 现令 $|\Delta z| < \delta$,便有

$$\left|\frac{1}{\Delta z}\int_{z}^{z+\Delta z}\big[f(\zeta)-f(z)\big]\mathrm{d}\zeta\right| < \frac{1}{|\Delta z|}\cdot\varepsilon\int_{z}^{z+\Delta z}|\mathrm{d}\zeta| = \varepsilon$$

即

$$\left|\frac{F(z+\Delta z)-F(z)}{\Delta z}-f(z)\right| < \varepsilon$$

证毕.

❹❸ 设 $f(z)$ 于单连通域 D 解析,则 $f(z)$ 的任一原函数 $\Phi(z)$ 必可表为 $F(z)+c = \int_{z_0}^{z} f(\zeta)\mathrm{d}\zeta + c$,$c$ 是常数。

证 已知 $\Phi'(z) = f(z)$,又由上题知 $F'(z) = f(z)$,故

$$\big[\Phi(z)-F(z)\big]' = 0$$

因此 $\Phi(z)-F(z) = c$,c 为常数.

证毕.

在等式 $\Phi(z) = F(z) + c = \int_{z_0}^{z} f(\zeta)\mathrm{d}\zeta + c$ 中,令 $z = z_0$ 则得

$$\Phi(z_0) = C$$

(注意:规定 $\int_{z_0}^{z} f(\zeta)\mathrm{d}\zeta = 0$),于是得到

$$F(z) = \int_{z_0}^{z} f(\zeta)\mathrm{d}\zeta = \Phi(z) - c = \Phi(z) - \Phi(z_0)$$

等式 $\int_{z_0}^{z} f(\zeta)\mathrm{d}\zeta = \Phi(z) - \Phi(z_0)$ 类似于实变积分中的牛顿—莱布尼兹公式.但在此处,这一等式成立所要求的条件是函数 $f(z)$ 解析,这比连续的条件更强.

❹❹ 设 $f(z)$ 在以 $\Gamma: \Gamma_0 + \Gamma_1^- + \Gamma_2^- + \cdots + \Gamma_n^-$ 为边界的闭域 $\overline{D}$ 上解析,则

$$\int_{\Gamma} f(z)\mathrm{d}z = 0$$

或

$$\int_{\Gamma_0} f(z)\mathrm{d}z + \int_{\Gamma_1^-} f(z)\mathrm{d}z + \cdots + \int_{\Gamma_n^-} f(z)\mathrm{d}z = 0$$

亦或

$$\int_{\Gamma_0} f(z)\mathrm{d}z = \int_{\Gamma_1} f(z)\mathrm{d}z + \cdots + \int_{\Gamma_n} f(z)\mathrm{d}z$$

(这就是复闭路情形下的柯西积分定理).

证 为简单起见,仅就 $n = 2$ 的情形来叙述定理的证明.

证明的基本想法是把多连通区域"割破",以便将问题转化为单连通域情形下的问题,而后者已被讨论过了.

作包含于 D 的且不相交的两段弧 $\overset{\frown}{AB}$,$\overset{\frown}{FG}$,$\overset{\frown}{AB}$ 联结 Γ_0 和 Γ_1,GF 联结 Γ_0 和 Γ_2,见图 13.

这样,$ABCDBAEFGHIGFJA$ 就形成一条简单闭路,记为 Γ',其中 $\overset{\frown}{AB}$ 段是用以割破区域 D 的,它被分成 $\overset{\frown}{AB}$、$\overset{\frown}{BA}$;$\overset{\frown}{FG}$ 段也是如此.

与 Γ 相比较,Γ' 的边界也就多了 $\overset{\frown}{AB}$、$\overset{\frown}{BA}$ 和 $\overset{\frown}{FG}$、$\overset{\frown}{GF}$,其余相同.

由前面已证明的结论,有

$$\int_{\Gamma'} f(z)\mathrm{d}z = 0$$

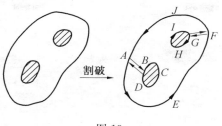

图 13

又知

$$\int_{\Gamma'} = \int_{\widehat{AB}} + \int_{\widehat{BCDB}} + \int_{\widehat{BA}} + \int_{\widehat{AEF}} + \int_{\widehat{FG}} + \int_{\widehat{GHIG}} + \int_{\widehat{GF}} + \int_{\widehat{FJA}} =$$

$$\int_{\widehat{BCDB}} + \int_{\widehat{AEF}} + \int_{\widehat{GHIG}} + \int_{\widehat{FJA}} =$$

$$\int_{\widehat{AEFJA}} + \int_{\widehat{BCDB}} + \int_{\widehat{GHIG}} =$$

$$\int_{\Gamma_0} + \int_{\Gamma_1^-} + \int_{\Gamma_2^-} = \int_{\Gamma}$$

故 $\int_{\Gamma} = 0$(注:为简便计,以 $\int_{\Gamma'}$ 表示 $\int_{\Gamma'} f(z)\mathrm{d}z$,其余类似,又 $\int_{\widehat{AB}} + \int_{\widehat{BA}} = 0, \int_{\widehat{FG}} +$

$\int_{\widehat{GF}} = 0$).

证毕.

❹❺ 求 $\int_{\Gamma_0} \dfrac{\mathrm{d}z}{(z-a)^n}$,其中 Γ_0 是含 a 的任一简单闭路,n 为整数.

分析 对任一圆 $\Gamma_1: |z-a| = \rho, \rho > 0$,有

$$\int_{\Gamma_1} \frac{\mathrm{d}z}{(z-a)^n} = \begin{cases} 0, & \text{当 } n \neq 1 \\ 2\pi\mathrm{i}, & \text{当 } n = 1 \end{cases}$$

本例不同之处在于 Γ_0 不一定是圆.现在,沿 Γ_1 的积分已知,沿 Γ_0 的积分未知.
但是当 ρ 充分小时,Γ_1 在 Γ_0 的内部,于是由上题可知,沿 $\Gamma_0 + \Gamma_1^-$ 的积分是等
于零的(因为 $\dfrac{1}{(z-a)^n}$ 在以 $\Gamma_0 + \Gamma_1^-$ 为边界的区域内解析),由此便可求出沿
Γ_0 的积分.

解 因为点 a 在曲线 Γ_0 的内部,所以必可取充分小的正数 ρ 使 $\Gamma_1: |z -$
$a| = \rho$ 含在 Γ_0 内部.$\dfrac{1}{(z-a)^n}$ 在 $\Gamma_0 + \Gamma_1^-$ 上及以其为边界的区域内解析,故由
上题知

$$\int_{\Gamma_0 + \Gamma_1^-} \frac{\mathrm{d}z}{(z-a)^n} = 0 \ \text{或} \int_{\Gamma_0} \frac{\mathrm{d}z}{(z-a)^n} = \int_{\Gamma_1} \frac{\mathrm{d}z}{(z-a)^n}$$

于是得

$$\int_{\Gamma_0} \frac{\mathrm{d}z}{(z-a)^n} = \begin{cases} 0, & \text{当 } n \neq 1 \\ 2\pi\mathrm{i}, & \text{当 } n = 1 \end{cases}$$

这个结果更为一般,用起来更方便.

㊻ (1) 在复平面上作出一个解析若尔当曲线 Γ(不是围绕原点的圆),使 $\int_{\Gamma} z^n \mathrm{d}s = 0$,对 $n = 2, 3, \cdots$,这里 s 是弧长.

(2) 作出一个解析弧 Γ(不是圆),使 $\int_{\Gamma} z^n \mathrm{d}s = 0$,对所有 $n \geqslant 1$.

解 (1) 设 $f(z) = (1 + \alpha z)^2$,这里 $|\alpha| < 1$,且

$$g(z) = \int_0^z f(t) \mathrm{d}t = z + \alpha z^2 + \frac{\alpha^2 z^3}{3}$$

则对 $|\alpha|$ 甚小,$w = g(z)$ 在 $|z| \leqslant 1$ 是单调的,且映射 $|z| = 1$ 成 w 平面上的一条解析若尔当曲线,对 $n \geqslant 2$,有

$$\int_{\Gamma} w^n \mathrm{d}s = \int_{|z|=1} [g(z)]^n |g'(z)| \cdot |\mathrm{d}z|$$

且因对

$$|z| = 1, \ |g'(z)| = |1 + \alpha z|^2 = (1 + \alpha z)\left(1 + \frac{\bar{\alpha}}{z}\right)$$

最后的积分是

$$\int_{|z|=1} [g(z)]^n (1 + \alpha z) \frac{\left(1 + \frac{\bar{\alpha}}{z}\right)\mathrm{d}z}{\mathrm{i}z} = \int_{|z|} h(z)\mathrm{d}z = 0$$

(因被积函数 $h(z)$ 在 $|z| \leqslant 1$ 内正则).

(2) 设 Γ 是 $|z| = 1$ 在映射 $w = g(z) = \int_0^z f(t)\mathrm{d}t$ 下的象,这里 f 是一个非常数的函数, 在 $|z| < 1$ 里正则且在 $|z| = 1$ 有模 1(例如:$f(z) = \exp\{-\frac{1+z}{1-z}\}$),证明正如情形(1).

㊼ 求积分 $\int_{\Gamma_0} \frac{\mathrm{d}z}{z^2 - z}$,其中 Γ_0 为含点 0 与 1 在其内部的简单闭路.

解　可取充分小的正数 ρ_1,ρ_2，使 $\Gamma_1:$
$|z|=\rho_1$ 和 $|z-1|=\rho_2$ 都含在 Γ_0 的内部
且 Γ_1 与 Γ_2 不相交，见图 15.

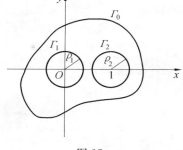

因 $\dfrac{1}{z^2-z}$ 在以 $\Gamma_0+\Gamma_1^-+\Gamma_2^-$ 为边界的

区域内及边界上解析，故沿 $\Gamma_0+\Gamma_1^-+\Gamma_2^-$
的积分已知，又若能分别算出沿 Γ_1 和 Γ_2 的
积分，则立即可得沿 Γ_0 的积分.

由第 44 题知

图 15

$$\int_{\Gamma_0+\Gamma_1+\Gamma_2}\frac{\mathrm{d}z}{z^2-z}=0$$

或

$$\int_{\Gamma_0}\frac{\mathrm{d}z}{z^2-z}=\int_{\Gamma_1}\frac{\mathrm{d}z}{z^2-z}+\int_{\Gamma_2}\frac{\mathrm{d}z}{z^2-z}$$

又

$$\int_{\Gamma_1}\frac{\mathrm{d}z}{z^2-z}=\int_{\Gamma_1}\left(\frac{1}{z-1}-\frac{1}{z}\right)\mathrm{d}z=\int_{\Gamma_1}\frac{\mathrm{d}z}{z-1}-\int_{\Gamma_2}\frac{\mathrm{d}z}{z}=2\pi\mathrm{i}-0=2\pi\mathrm{i}$$

$$\int_{\Gamma_2}\frac{\mathrm{d}z}{z^2-z}=\int_{\Gamma_2}\frac{\mathrm{d}z}{z-1}-\int_{\Gamma_2}\frac{\mathrm{d}z}{z}=0-2\pi\mathrm{i}=-2\pi\mathrm{i}$$

故

$$\int_{\Gamma_0}\frac{\mathrm{d}z}{z^2-z}=2\pi\mathrm{i}-2\pi\mathrm{i}=0$$

注　函数 $\dfrac{1}{z^2-z}$ 沿 Γ_0 积分等于零并不是因为它在闭路 Γ_0 内解析.

㊽ 按正方向计算下列积分：

(1) $\displaystyle\int_{|z|=\frac{1}{6}}\frac{\mathrm{d}z}{z(3z+1)}$；

(2) $\displaystyle\int_{|z|=1}\frac{\mathrm{d}z}{z(3z+1)}$.

解　显然

$$\frac{1}{z(3z+1)}=\frac{1}{z}-\frac{3}{3z+1}$$

(1) $\displaystyle\int_{|z|=\frac{1}{6}}\frac{\mathrm{d}z}{z(3z+1)}=\int_{|z|=\frac{1}{6}}\frac{\mathrm{d}z}{z}-\int_{|z|=\frac{1}{6}}\frac{3\mathrm{d}z}{3z+1}$，而

$$\int_{|z|=\frac{1}{6}}\frac{\mathrm{d}z}{z}=\int_0^{2\pi}\frac{\mathrm{i}\frac{1}{6}\mathrm{e}^{\mathrm{i}\varphi}\mathrm{d}\varphi}{\frac{1}{6}\mathrm{e}^{\mathrm{i}\varphi}\mathrm{d}\varphi}=\mathrm{i}\int_0^{2\pi}\mathrm{d}\varphi=2\pi\mathrm{i}$$

又函数 $\dfrac{3}{3z+1}$ 在 $|z|\leqslant\dfrac{1}{6}$ 解析,故由柯西定理知

$$\int_{|z|=\frac{1}{6}}\frac{3\mathrm{d}z}{3z+1}=0$$

所以

$$\int_{|z|=\frac{1}{6}}\frac{\mathrm{d}z}{z(3z+1)}=2\pi\mathrm{i}$$

(2)任作以 $z=0$ 与 $z=-\dfrac{1}{3}$ 为圆心,半径 $r<\dfrac{1}{6}$ 的圆 Γ_1 与 Γ_2,即 Γ_1:$|z|=r,\Gamma_2:\left|z+\dfrac{1}{3}\right|=r$.

由复闭路的柯西定理知

$$\int_{|z|=1}\frac{\mathrm{d}z}{z(3z+1)}=\int_{\Gamma_1+\Gamma_2}\frac{\mathrm{d}z}{z(3z+1)}=$$
$$\int_{\Gamma_1}\frac{\mathrm{d}z}{z(3z+1)}+\int_{\Gamma_2}\frac{\mathrm{d}z}{z(3z+1)}=$$
$$\int_{\Gamma_1}\frac{\mathrm{d}z}{z}-\int_{\Gamma_1}\frac{3\mathrm{d}z}{3z+1}+\int_{\Gamma_2}\frac{\mathrm{d}z}{z}-\int_{\Gamma_2}\frac{3\mathrm{d}z}{3z+1}=$$
$$\int_0^{2\pi}\frac{\mathrm{i}r\mathrm{e}^{\mathrm{i}\varphi}\mathrm{d}\varphi}{r\mathrm{e}^{\mathrm{i}\varphi}}-0+0-\int_0^{2\pi}\frac{3\mathrm{i}r\mathrm{e}^{\mathrm{i}\varphi}\mathrm{d}\varphi}{3r\mathrm{e}^{\mathrm{i}\varphi}}=0$$

这里函数 $\dfrac{3}{3z+1}$ 与 $\dfrac{1}{z}$ 分别在以 Γ_1 与 Γ_2 为边界的闭域上解析,由柯西定理知其积分为零.

❹❾ 求 $\displaystyle\int_{\Gamma_k}\frac{\mathrm{d}z}{z(z^2+1)},k=1,2,3,4$,其中 $\Gamma_1:|z|=\dfrac{1}{2},\Gamma_2:|z+\mathrm{i}|=\dfrac{1}{2},\Gamma_3:|z-\mathrm{i}|=\dfrac{3}{2},\Gamma_4:|z|=\dfrac{3}{2}$.

解 (解此题之关键在于将被积函数化为形如 $\dfrac{1}{z-a}$ 的分式之和,然后考虑点 a 是否在积分闭路内部,再直接由柯西定理得出结果)

$$\int_{\Gamma_1}\frac{\mathrm{d}z}{z(z^2+1)}=\int_{\Gamma_1}\left(\frac{1}{z}-\frac{1}{2}\cdot\frac{1}{z-\mathrm{i}}-\frac{1}{2}\cdot\frac{1}{z+\mathrm{i}}\right)\mathrm{d}z=$$

$$\int_{r_1} \frac{1}{z}dz - \frac{1}{2}\int_{r_1}\frac{dz}{z-i} - \frac{1}{2}\int_{r_1}\frac{dz}{z+i} =$$
$$2\pi i - 0 - 0 = 2\pi i$$

$$\int_{r_2}\frac{dz}{z(z^2+1)} = \int_{r_2}\frac{dz}{z} - \frac{1}{2}\int_{r_2}\frac{dz}{z-i} - \frac{1}{2}\int_{r_2}\frac{dz}{z+i} =$$
$$0 + 0 - \frac{1}{2}\cdot 2\pi i = -\pi i$$

$$\int_{r_3}\frac{dz}{z(z^2+1)} = \int_{r_3}\frac{dz}{z} - \frac{1}{2}\int_{r_3}\frac{dz}{z-i} - \frac{1}{2}\int_{r_3}\frac{dz}{z+i} =$$
$$2\pi i - \frac{1}{2}\cdot 2\pi i - 0 = \pi i$$

$$\int_{r_4}\frac{dz}{z(z^2+1)} = \int_{r_4}\frac{dz}{z} - \frac{1}{2}\int_{r_4}\frac{dz}{z+i} - \frac{1}{2}\int_{r_4}\frac{dz}{z-i} =$$
$$2\pi i - \frac{1}{2}\cdot 2\pi i - \frac{1}{2}\cdot 2\pi i = 0$$

至此,读者不难看出,若 $f(z) = \frac{P(z)}{Q(z)}$ 为一有理函数(其中 P,Q 为多项式),则其必可分解为形如 $\frac{A_l}{(z-a_k)^l}$ 的分式之和,因而当闭路 Γ 不通过点 a_k(a_k 是 $Q(z)$ 的零点)时,积分 $\int_\Gamma f(z)dz$ 的计算问题就完全解决了(关键的工作在于将有理函数进行分解).

❺⓿ 求积分 $\int_{(-\infty-hi,\infty-hi)} e^{-\frac{z^2}{2}}dz$. 这里,$(-\infty-hi,\infty-hi)$ 表示积分曲线是平行于 x 轴且过点 $-hi(h>0)$ 的直线,见图 16.

这一积分理解为
$$\int_{-\infty-hi}^{\infty-hi} e^{-\frac{z^2}{2}}dz = \lim_{R\to\infty}\int_{-R-hi}^{R-hi} e^{-\frac{z^2}{2}}dz$$

解 我们在实际分析中已经知道波阿松积分
$$\int_{-\infty}^{+\infty} e^{-\frac{x^2}{2}}dx = \sqrt{2\pi} \tag{1}$$

这一积分实际上也可看作是复变积分 $\int_C e^{-\frac{z^2}{2}}dz$,只不过积分曲线 C 是整个实轴.本例所要计算的积分仅仅在积分道路不同,不同之处也只在将实轴向下平移了一段距离.这使我们想到利用已知的结果(1),并利用柯西定理解决问题,这就需要作出一个闭路来.这条闭路应该既含有实轴的一段 $[-R,R]$,又含有

平行实轴的一段 $[-R-hi, R-hi]$. 此外, 再添上两段 $[-R-hi, -R]$ 和 $[R-hi, R]$ 就作成了一个矩形闭路 Γ(图 16). 由柯西定理

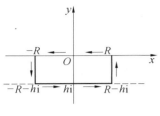

图 16

$$\int_{\Gamma} e^{-\frac{z^2}{2}} dz = 0$$

因为函数 $e^{-\frac{z^2}{2}}$ 在 Γ 上及其内解析, 又由积分的性质知

$$\int_{\Gamma} e^{-\frac{z^2}{2}} dz = \int_{-R-hi}^{R-hi} e^{-\frac{z^2}{2}} dz + \int_{R-hi}^{R} e^{-\frac{z^2}{2}} dz - \int_{-R}^{R} e^{-\frac{z^2}{2}} dz - \int_{-R-hi}^{-R} e^{-\frac{z^2}{2}} dz$$

从上面的两个等式, 得到

$$\int_{-R-hi}^{R-hi} e^{-\frac{z^2}{2}} dz + \int_{R-hi}^{R} e^{-\frac{z^2}{2}} dz - \int_{-R}^{R} e^{-\frac{z^2}{2}} dz - \int_{-R-hi}^{-R} e^{-\frac{z^2}{2}} dz = 0 \qquad (2)$$

(以上积分线路都是联结积分上、下限点的直线段).

式(2) 左端的四个积分, 当令 $R \to \infty$ 时, 第一个积分的极限 $\lim\limits_{R \to \infty} \int_{-R-hi}^{R-hi} e^{-\frac{z^2}{2}} dz$ 正是所要求的; 第三个积分的极限 $\lim\limits_{R \to \infty} \int_{-R}^{R} e^{-\frac{z^2}{2}} dz = \sqrt{2\pi}$ 是已知的; 剩下的两个积分的极限若能计算出来, 问题就全部解决了.

现在考虑 $\lim\limits_{R \to \infty} \int_{R-hi}^{R} e^{-\frac{z^2}{2}} dz$. 在 $[R-hi, R]$ 上, z 可表示为 $R-ti, 0 \leqslant t \leqslant h$, 于是

$$\left| e^{-\frac{z^2}{2}} \right| = \left| e^{-\frac{(R^2-t^2)-2Rti}{2}} \right| = e^{-\frac{R^2-t^2}{2}} \leqslant e^{-\frac{R^2-h^2}{2}}$$

故有

$$\left| \int_{R-hi}^{R} e^{-\frac{z^2}{2}} dz \right| \leqslant h \cdot e^{-\frac{R^2-h^2}{2}}$$

因而可知

$$\lim_{R \to \infty} \int_{R-hi}^{R} e^{-\frac{z^2}{2}} dz = 0$$

在 $[-R-hi, -R]$ 上, 亦有

$$\left| e^{-\frac{z^2}{2}} \right| = \left| e^{-\frac{R^2-t^2+2Rti}{2}} \right| = e^{-\frac{R^2-t^2}{2}} \leqslant e^{-\frac{R^2-h^2}{2}}$$

因此同样可得

$$\lim_{R \to \infty} \int_{R-hi}^{R} e^{-\frac{z^2}{2}} dz = 0$$

综上所述, 由式(2) 得

$$\int_{-\infty-hi}^{\infty-hi} e^{-\frac{z^2}{2}} dz = \lim_{R \to \infty} \int_{-R-hi}^{R-hi} e^{-\frac{z^2}{2}} dz =$$

$$\lim_{R \to \infty} \int_{-R}^{R} e^{-\frac{z^2}{2}} dz = \sqrt{2\pi}$$

从此亦不难得知沿任何平行于实轴的直线 L 积分 $\int_L e^{-\frac{z^2}{2}} dz$ 都等于 $\sqrt{2\pi}$.

❺❶ 证明：若 Γ 是任意的简单闭路，且不经过点 a，n 是整数，则

$$\int_\Gamma (z-a)^n dz = \begin{cases} 0, & \text{若 } n \neq 1 \\ 2\pi i, & \text{若 } n = -1, \text{点 } a \text{ 在 } \Gamma \text{ 内} \\ 0, & \text{若 } n = -1, \text{点 } a \text{ 在 } \Gamma \text{ 外} \end{cases}$$

证 （1）若 $n < 0$，且 $n \neq -1$，点 a 在 Γ 内，在 Γ 内部作以 a 为中心的圆周 $c: |z-a| = r$，由复闭路的柯西定理知

$$\int_\Gamma (z-a)^n dz = \int_c (z-a)^n dz = \int_0^{2\pi} r^n e^{in\varphi} r i e^{i\varphi} d\varphi =$$

$$ir^{n+1} \int_0^{2\pi} e^{i(n+1)\varphi} d\varphi = 0$$

当点 a 在 Γ 之外时，函数 $f(z) = (z-a)^n$ 在包含 Γ 的一个单连通域 G 内解析，所以也有

$$\int_\Gamma (z-a)^n dz = 0$$

若 $n \geq 0$，这时 $f(z) = (z-a)^n$ 在全平面解析，由柯西定理知

$$\int_\Gamma (z-a)^n dz = 0$$

（2）若 $n = -1$，且点 a 在 Γ 内，在 Γ 内部作圆周 $c: |z-a| = r$，由复闭路的柯西定理知

$$\int_\Gamma \frac{dz}{z-a} = \int_c \frac{dz}{z-a} = \int_0^{2\pi} \frac{ire^{i\varphi} d\varphi}{re^{i\varphi}} = 2\pi i$$

（3）$n = -1$，而点 a 在 Γ 之外，则函数 $f(z) = \dfrac{1}{z-a}$ 在包含 Γ 的一个单连通域内解析，由柯西定理知

$$\int_\Gamma \frac{dz}{z-a} = 0$$

❺❷ 证明：若 a, b 是实数，$z = x + iy$ 且 $x > 0$，则 $|e^{bz} - e^{az}| \leq |b-a| |z| e^{\max(a,b)x}$.

证 令 $f(\zeta)=\mathrm{e}\zeta$，则 $f(\zeta)$ 是在整个 ζ 平面上的解析函数，且有

$$\int_{az}^{bz} f(\zeta)\mathrm{d}\zeta = \int_{az}^{bz} \mathrm{e}^{\zeta}\mathrm{d}\zeta = \mathrm{e}^{bz} - \mathrm{e}^{az}$$

其中积分路线是联结 az 与 bz 两点的任意光滑曲线，特别地，我们选这两点间的直线段作为积分路线，于是

$$|\mathrm{e}^{bz} - \mathrm{e}^{az}| = \left|\int_{az}^{bz} \mathrm{e}^{\zeta}\mathrm{d}\zeta\right| \leqslant \int_{az}^{bz} |\mathrm{e}^{\zeta}| \, |\mathrm{d}\zeta| =$$

$$\int_{az}^{bz} \mathrm{e}^{\mathrm{Re}\,\zeta} |\mathrm{d}\zeta| \leqslant \mathrm{e}^{\max(ax,bx)} \int_{az}^{bz} |\mathrm{d}\zeta| =$$

$$\mathrm{e}^{\max(a,b)x} |b-a| |z|$$

❺❸ 若 G 是星形域（即从 G 内某一点 z_0 射出的所有射线与 G 的边界 Γ 都只相交于一点），$f(z)$ 在闭域 $\overline{G}$ 上连续，且 $f(z)$ 在 G 内解析，则

$$\int_{\Gamma} f(z)\mathrm{d}z = 0$$

证 不失一般性，可设 $z_0=0$（否则作平移便可得），于是 Γ 的方程可表示为

$$z = r(\theta)\mathrm{e}^{i\theta}, \quad 0 \leqslant \theta \leqslant 2\pi$$

对任意的 $\rho(0<\rho<1)$，曲线 Γ_ρ，有

$$\zeta = \rho z = \rho r(\theta)\mathrm{e}^{i\theta}, \quad 0 \leqslant \theta \leqslant 2\pi$$

都在 Γ 内部，由柯西定理知

$$\int_{\Gamma_\rho} f(\zeta)\mathrm{d}\zeta = 0$$

曲线 Γ_ρ 与 Γ 是以原点为相似中心而相似的，当点 ζ 移动描绘出 Γ_ρ 时，相应的点 $z = \dfrac{\zeta}{\rho}$ 就描绘出曲线 Γ（图 17）.

故上式可写为

$$\int_{\Gamma_\rho} f(\rho z)\mathrm{d}(\rho z) = \rho \int_{\Gamma} f(\rho z)\mathrm{d}z = 0$$

于是

$$\int_{\Gamma} f(z)\mathrm{d}z = \int_{\Gamma} f(z)\mathrm{d}z - \int_{\Gamma} f(\rho z)\mathrm{d}z =$$

$$\int_{\Gamma} [f(z) - f(\rho z)]\mathrm{d}z$$

因为 $f(z)$ 在以 Γ 为边界的闭域 $\overline{G}$ 上是连续的，故一致连续，即任给 $\varepsilon>0$，

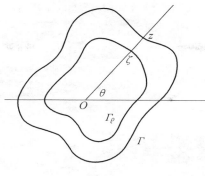

图 17

存在 $\delta > 0$，对闭域 $\overline{G}$ 上任意的两点 z 与 ζ，只要 $|z-\zeta| < \delta$ 时，就有

$$|f(z) - f(\zeta)| < \varepsilon$$

令 $m = \max\{|r(\theta)|, 0 \leqslant \theta \leqslant 2\pi\}$，取 $\rho > 1 - \dfrac{\delta}{m}$. 于是，对任意的两点 z 与

$\zeta = \rho z \ (0 < \rho < 1)$，均有

$$|f(z) - f(\zeta)| < \varepsilon$$

所以

$$\left| \int_{\Gamma} f(z) \mathrm{d}z \right| < \varepsilon \int_{\Gamma} |\mathrm{d}z| = \varepsilon L$$

其中 L 为 Γ 之长.

由 ε 的任意性知

$$\int_{\Gamma} f(z) \mathrm{d}z = 0$$

❺❹ 证明：若 $f(z)$ 在带形 $0 \leqslant y \leqslant h$ 上解析，$\lim\limits_{x \to \pm\infty} f(x + \mathrm{i}y) = 0$，

且积分 $\displaystyle\int_{-\infty}^{+\infty} f(x) \mathrm{d}x$ 存在，则积分

$$\int_{-\infty}^{+\infty} f(x + \mathrm{i}h) \mathrm{d}x$$

也存在，且

$$\int_{-\infty}^{+\infty} f(x + \mathrm{i}h) \mathrm{d}x = \int_{-\infty}^{+\infty} f(x) \mathrm{d}x$$

证 因为 $f(z)$ 在带形 $0 \leqslant y \leqslant h$ 上解析，所以积分 $\displaystyle\int_{\beta_x} f(z) \mathrm{d}z$ 存在，其中

β_x 是从 F 向上的垂直线段，$0 \leqslant y \leqslant h$，$x$ 任意取定.

又 $\lim\limits_{x\to\pm\infty} f(x+\mathrm{i}y)=0$,所以对任给 $\varepsilon>0$,存在 M,当 $|x|>M$ 时,有

$$|f(x+\mathrm{i}y)|<\varepsilon$$

故

$$\left|\int_{\beta_x} f(x+\mathrm{i}y)\mathrm{d}z\right|<\varepsilon\int_{\beta_x}|\mathrm{d}z|=\varepsilon h$$

即

$$\lim_{x\to+\infty}\int_{\beta_x} f(z)\mathrm{d}z=0$$

如图 18,由柯西定理知

$$\int_{-R}^{+R} f(x)\mathrm{d}x+\int_{\beta_R} f(z)\mathrm{d}z+\int_{R}^{-R} f(x+\mathrm{i}h)\mathrm{d}x+\int_{\beta_{-R}} f(z)\mathrm{d}z=0$$

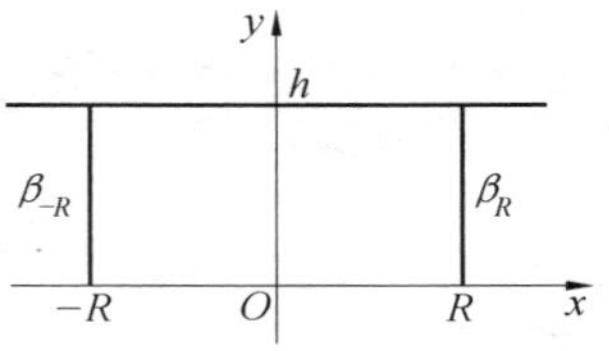

图 18

令 $R\to\infty$,在 β_R 与 β_{-R} 上积分趋于零.

又积分 $\int_{-\infty}^{+\infty} f(x)\mathrm{d}x$ 存在,所以

$$\lim_{R\to\infty}\int_{-R}^{+R} f(x)\mathrm{d}x=\lim_{R\to\infty}\int_{-R}^{+R} f(x+\mathrm{i}h)\mathrm{d}x$$

即积分 $\int_{-\infty}^{+\infty} f(x+\mathrm{i}h)\mathrm{d}x$ 存在,且有

$$\int_{-\infty}^{+\infty} f(x+\mathrm{i}h)\mathrm{d}x=\int_{-\infty}^{+\infty} f(x)\mathrm{d}x$$

㊲ 证明:在 $0<s<1$ 时,下列等式正确:

(1) $\int_0^{\infty} x^{s-1}\cos x\mathrm{d}x=\Gamma(s)\cos\dfrac{\pi s}{2}$;

(2) $\int_0^{\infty} x^{s-1}\sin x\mathrm{d}x=\Gamma(s)\sin\dfrac{\pi s}{2}$.

证 令 $f(z)=z^{s-1}\mathrm{e}^{-\mathrm{i}z}$,$\Gamma$ 为 G 的边界(图 19),则 $f(z)$ 在 $\overline{G}$ 上解析,由柯西定理知

$$\int_{\Gamma} f(z)\mathrm{d}z=0$$

即

$$\int_{\overline{CA}} f(z)\mathrm{d}z + \int_{\widehat{AB}} f(z)\mathrm{d}z +$$

$$\int_{\overline{BD}} f(z)\mathrm{d}z + \int_{\widehat{DC}} f(z)\mathrm{d}z = 0$$

但

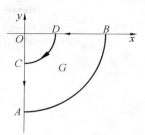

图 19

$$\lim_{z \to 0} zf(z) = \lim_{z \to 0} z^s \mathrm{e}^{-\mathrm{i}z} = 0$$

所以,当 $0 < |z| < \delta$ 时, $|zf(z)| < \varepsilon$,即 $|f(z)| < \dfrac{\varepsilon}{|z|}$.

$\widehat{CD}$ 的方程为 $z = r\mathrm{e}^{\mathrm{i}\varphi}$,当 $r < \delta$,$-\dfrac{\pi}{2} \leqslant \varphi \leqslant 0$ 时,有

$$\left| \int_{\widehat{CD}} f(z)\mathrm{d}z \right| < \varepsilon \int_{\widehat{CD}} \frac{|\mathrm{d}z|}{|z|} = \varepsilon \cdot \frac{1}{r} r \cdot \frac{\pi}{2} = \frac{\pi\varepsilon}{2}$$

故

$$\lim_{r \to 0} \int_{\widehat{CD}} f(z)\mathrm{d}z = 0$$

即

$$\lim_{r \to 0} \int_{\widehat{DC}} f(z)\mathrm{d}z = 0$$

又由于 $\mathrm{Im}(z) \leqslant 0, 0 < s < 1$,所以

$$|f(z)| = |z|^{s-1} |\mathrm{e}^{-\mathrm{i}z}| \leqslant \frac{1}{|z|^{1-s}} \to 0, \quad |z| \to \infty$$

于是

$$\lim_{z \to \infty} f(z) = \lim_{z \to \infty} \frac{1}{z^{1-s}} \cdot \frac{1}{\mathrm{e}^{\mathrm{i}z}} = 0$$

$\widehat{AB}$ 的方程为 $z = R\mathrm{e}^{\mathrm{i}\varphi}$,$-\dfrac{\pi}{2} \leqslant \varphi \leqslant 0$,可得

$$\lim_{R \to 0} \int_{\Gamma_R} z^{s-1} \mathrm{e}^{-\mathrm{i}z} \mathrm{d}z = \lim \int_{\widehat{AB}} z^{s-1} \mathrm{e}^{-\mathrm{i}z} \mathrm{d}z = 0$$

所以

$$\lim_{\substack{R \to \infty \\ r \to 0}} \int_{\overline{CA}} f(z)\mathrm{d}z = \lim_{r \to 0} \int_{\overline{DB}} f(z)\mathrm{d}z$$

而

$$\int_{\overline{CA}} f(z)\mathrm{d}z = \int_r^R (\rho \mathrm{e}^{-\mathrm{i}\frac{\pi}{2}})^{s-1} \mathrm{e}^{-\mathrm{i}\, \mathrm{e}^{\mathrm{i}\frac{\pi}{2}}\rho} \mathrm{e}^{-\mathrm{i}\frac{\pi}{2}} \mathrm{d}\rho =$$

$$\int_r^R \rho^{s-1} \mathrm{e}^{-\mathrm{i}\frac{s\pi}{2}} \mathrm{e}^{-\rho} \mathrm{d}\rho = \mathrm{e}^{-\mathrm{i}\frac{s\pi}{2}} \int_r^R \rho^{s-1} \mathrm{e}^{-\rho} \mathrm{d}\rho$$

故

$$\lim_{\substack{R \to \infty \\ r \to 0}} \int_{CA} f(z) \mathrm{d}z = \lim_{\substack{R \to \infty \\ r \to 0}} \mathrm{e}^{-\mathrm{i}\frac{s\pi}{2}} \int_r^R \rho^{s-1} \mathrm{e}^{-\rho} \mathrm{d}\rho =$$

$$\mathrm{e}^{-\mathrm{i}\frac{s\pi}{2}} \int_0^\infty \rho^{s-1} \mathrm{e}^{-\rho} \mathrm{d}\rho = \mathrm{e}^{-\mathrm{i}\frac{s\pi}{2}} \Gamma(s)$$

于是

$$\int_0^\infty x^{s-1} (\cos x - \mathrm{i}\sin x) \mathrm{d}x = \lim_{\substack{R \to \infty \\ r \to 0}} \int_r^R x^{s-1} \mathrm{e}^{-\mathrm{i}x} \mathrm{d}x =$$

$$\lim_{\substack{R \to \infty \\ r \to 0}} \int_{DB} f(z) \mathrm{d}z = \lim_{\substack{R \to \infty \\ r \to 0}} \int_{CA} f(z) \mathrm{d}z =$$

$$\mathrm{e}^{-\mathrm{i}\frac{\pi s}{2}} \Gamma(s) = \Gamma(s) \left(\cos \frac{\pi s}{2} - \mathrm{i}\sin \frac{s\pi}{2} \right)$$

所以

$$\int_0^\infty x^{s-1} \cos x \mathrm{d}x = \Gamma(s) \cos \frac{s\pi}{2}, \quad 0 < s < 1$$

$$\int_0^\infty x^{s-1} \sin x \mathrm{d}x = \Gamma(s) \sin \frac{s\pi}{2}$$

❺❻ 试证明代数基本定理：n 次多项式 $(n \geqslant 1)$ 至少有一个根.

证法一 设 n 次多项式为

$$p(z) = a_n z^n + a_{n-1} z^{n-1} + \cdots + a_1 z + a_0$$

其中 $n \geqslant 1, a_n \neq 0$.

用反证法. 若 $p(z)$ 一个根也没有，即对任意的 z，均有 $p(z) \neq 0$，于是函数 $\dfrac{p'(z)}{p(z)}$ 在全平面解析，由柯西定理知

$$\int_{\Gamma_R} \frac{p'(z)}{p(z)} \mathrm{d}z = 0$$

其中 Γ_p 是以原点为中心的任意圆周 $|z| = R$.

因此应有

$$\lim_{R \to \infty} \int_{\Gamma_R} \frac{p'(z)}{p(z)} \mathrm{d}z = 0$$

但是

$$\frac{p'(z)}{p(z)} = \frac{n a_n z^{n-1} + (n-1) a_{n-1} z^{n-2} + \cdots + a_1}{a_n z^n + a_{n-1} z^{n-1} + \cdots + a_1 z + a_0} =$$

$$\frac{n \left(1 + \dfrac{n-1}{n} \dfrac{a_{n-1}}{a_n} \dfrac{1}{z} + \cdots + \dfrac{1}{n} \dfrac{a_1}{a_n} \dfrac{1}{z^{n-1}} \right)}{z \left(1 + \dfrac{a_{n-1}}{a_n} \dfrac{1}{z} + \cdots + \dfrac{a_0}{a_n} \dfrac{1}{z_n} \right)} =$$

$$\frac{n}{z}[1+q(z)]$$

其中函数 $q(z)$ 在 $z \to \infty$ 时,一致趋于零,又因

$$\int_{\Gamma_R} \frac{1}{z} dz = 2\pi i$$

故

$$\left| \int_{\Gamma_R} \frac{q(z)}{z} dz \right| \leqslant \max_{|z|=R} |q(z)| \left| \int_{\Gamma_R} \frac{dz}{z} \right| =$$

$$2\pi \max_{|z|=R} |q(z)| \to 0, \quad |z|=R \to \infty$$

所以

$$\lim_{R \to \infty} \frac{1}{2\pi i} \int_{\Gamma_R} \frac{p'(z)}{p(z)} dz = \lim_{R \to \infty} \frac{n}{2\pi i} \left[\int_{\Gamma_R} \frac{dz}{z} + \int_{\Gamma_R} \frac{q(z)}{z} dz \right] = n$$

于是得到 $n=0$,矛盾.

证法二 假若 $p(z)$ 在整个 z 平面上无限,即对任何 z 有 $p(z) \neq 0$. 因此 $\frac{1}{p(z)}$ 是在整个平面上解析的函数,下面证明 $\frac{1}{p(z)}$ 有界,从而导致矛盾. 因为

$$\left| \frac{1}{p(z)} \right| = \frac{1}{|p(z)|} = \frac{1}{|z^n|} \cdot \frac{1}{\left| a_0 + \frac{a_1}{z} + \cdots + \frac{a_n}{z^n} \right|}$$

又当 $z \to \infty$ 时,$|z^n| \to \infty$,$\left| a_0 + \frac{a_1}{z} + \cdots + \frac{a_n}{z^n} \right| \to |a_0| \neq 0$,所以

$$\lim_{z \to \infty} \frac{1}{|p(z)|} = 0$$

这表明,对于 $\varepsilon > 0$,存在正数 r,当 $|z| > r$ 时,$\left| \frac{1}{p(z)} \right| < \varepsilon$,固定此 r. 由假设,$\frac{1}{p(z)}$ 在闭区域 $|z| \leqslant r$ 上解析,因而连续,故存在 $M_0 > 0$,使得当 $|z| \leqslant r$ 时,$\left| \frac{1}{p(z)} \right| \leqslant M_0$,取 $M = \max(M_0, \varepsilon)$,则对 z 平面上的任何点 z 都有 $\left| \frac{1}{p(z)} \right| \leqslant M$,即 $\frac{1}{p(z)}$ 在整个平面上有界.

于是,由柳维尔定理知 $\frac{1}{p(z)}$ 是常数,从而 $p(z)$ 是常数,但这是不可能的,这就证明了 $p(z)$ 必有一根.证毕.

㊼ 证明:若积分路线不经过点 $\pm i$,则

$$\int_0^1 \frac{dz}{1+z^2} = \frac{\pi}{4} + k\pi$$

证 (1) 若积分路线是实轴上的区间 $[0,1]$,则

$$\int_0^1 \frac{\mathrm{d}z}{1+z^2} = \int_0^1 \frac{\mathrm{d}x}{1+x^2} = \arctan x \Big|_0^1 = \frac{\pi}{4}$$

若积分路线不绕 $\pm i$,如图 20 中的曲线 Γ_1 ,即
曲线 Oa ,则由柯西定理知

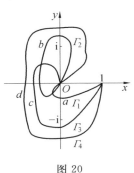

图 20

$$\int_0^1 \frac{\mathrm{d}z}{1+z^2} = \int_{\Gamma_1} \frac{\mathrm{d}z}{1+z^2} = \int_0^1 \frac{\mathrm{d}x}{1+x^2} = \frac{\pi}{4}$$

(2) 若积分路线绕点 $+i$ 一周 (或 k 周),积
分方向为正向,如图 20 中的 Γ_2 ,即闭曲线
$ObO + [0,1]$,则

$$\int_0^1 \frac{\mathrm{d}z}{1+z^2} = \int_{\Gamma_2} \frac{\mathrm{d}z}{1+z^2} =$$

$$\int_{c_i} \frac{\mathrm{d}z}{1+z^2} + \int_0^1 \frac{\mathrm{d}x}{1+x^2} = \pi + \frac{\pi}{4}$$

其中 c_i 是以 i 为圆心在闭曲线 ObO 内部的任意圆周,因为

$$\int_{c_i} \frac{\mathrm{d}z}{1+z^2} = \frac{1}{2i} \int_{c_i} \frac{\mathrm{d}z}{z-i} - \frac{1}{2i} \int_{c_i} \frac{\mathrm{d}z}{z+i} =$$

$$\frac{1}{2i} \cdot 2\pi i - 0 = \pi$$

若积分路线绕 i , k 周,则结果为 $k\pi + \frac{\pi}{4}$.

(3) 若积分路线绕点 $-i$ 一周 (或 k 周)(正向),如图 20 中的 Γ_3 ,即闭曲线
$Oc1O + [0,1]$,则

$$\int_0^1 \frac{\mathrm{d}z}{1+z^2} = \int_{\Gamma_3} \frac{\mathrm{d}z}{1+z^2} = \int_{c_{-i}} \frac{\mathrm{d}z}{1+z^2} + \int_0^1 \frac{\mathrm{d}x}{1+x^2} = -\pi + \frac{\pi}{4}$$

其中 c_{-i} 是以 $-i$ 为圆心在闭曲线 $Oc1O$ 内部的任意圆周,因为

$$\int_{c_{-i}} \frac{\mathrm{d}z}{1+z^2} = \frac{1}{2i} \int_{c_{-i}} \frac{\mathrm{d}z}{z-i} - \frac{1}{2i} \int_{c_{-i}} \frac{\mathrm{d}z}{z+i} =$$

$$0 - \frac{1}{2i} 2\pi i = -\pi$$

若是绕 $-i$, k 周,则结果为 $-k\pi + \frac{\pi}{4}$.

(4) 若积分路线同时绕 $\pm i$ 一周 (或 k 周)(正向),如图 20 中的 Γ_4 ,即闭曲
线 $Od1O + [0,1]$ 或图 21 中两种路线亦可.
则

$$\int_0^1 \frac{\mathrm{d}z}{1+z^2} = \int_{\Gamma_4} \frac{\mathrm{d}z}{1+z^2} = \pi - \pi + \frac{\pi}{4} = \frac{\pi}{4}$$

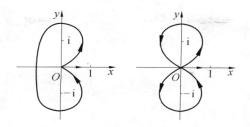

图 21

若是同时绕 $\pm i, k$ 周,其结果亦为 $\dfrac{\pi}{4}$.

综上所述得

$$\int_0^1 \frac{\mathrm{d}z}{1+z^2} = k\pi + \frac{\pi}{4}$$

其中 k 为整数,且等于线路绕 $+i$ 的周数减去绕 $-i$ 的周数.

❺❽ 设 $f(z)$ 在 Γ 上及其内部解析(Γ 可为复闭路),z_0 是以 Γ 为边界的区域 D 内的一点,则

$$f(z_0) = \frac{1}{2\pi i} \int_\Gamma \frac{f(z)}{z - z_0} \mathrm{d}z$$

证 因为 z_0 是 D 的内点,所以存在 $\rho > 0$,使得 $\Gamma_\rho : |z - z_0| = \rho$ 与 D 的边界 Γ 不相交,而 $|z - z_0| < \rho$ 含在 D 内. 于是 $\dfrac{f(z)}{z - z_0}$ 在以 $C = \Gamma + \Gamma_\rho^-$ 为边界的闭区域上解析,故从柯西积分定理知

$$\int_C \frac{f(z)}{z - z_0} \mathrm{d}z = 0 \quad \text{或} \quad \int_\Gamma \frac{f(z)}{z - z_0} \mathrm{d}z = \int_{\Gamma_\rho} \frac{f(z)}{z - z_0} \mathrm{d}z \tag{1}$$

因此,我们只要证明

$$\frac{1}{2\pi i} \int_{\Gamma_\rho} \frac{f(z)}{z - z_0} \mathrm{d}z = f(z_0)$$

又注意

$$f(z_0) = f(z_0) \cdot \frac{1}{2\pi i} \int_{\Gamma_\rho} \frac{1}{z - z_0} \mathrm{d}z = \frac{1}{2\pi i} \int_{\Gamma_\rho} \frac{f(z_0)}{z - z_0} \mathrm{d}z \tag{2}$$

所以,又只需证明

$$\frac{1}{2\pi i} \int_{\Gamma_\rho} \frac{f(z)}{z - z_0} \mathrm{d}z - \frac{1}{2\pi i} \int_{\Gamma_\rho} \frac{f(z_0)}{z - z_0} \mathrm{d}z = \frac{1}{2\pi i} \int_{\Gamma_\rho} \frac{f(z) - f(z_0)}{z - z_0} = 0$$

因为 $f(z)$ 在 Γ_0 内及其上解析,从而连续,所以对任给的 $\varepsilon > 0$,可取使式(1)成立的 ρ 充分小,使得 $|f(z) - f(z_0)| < \varepsilon$ 在 Γ_0 上及其内成立,此时便有

$$\left| \frac{1}{2\pi i} \int_{\Gamma_\rho} \frac{f(z) - f(z_0)}{z - z_0} dz \right| < \frac{1}{2\pi i} \cdot \varepsilon \left| \int_{\Gamma_\rho} \frac{1}{\rho} \mid dz \mid \right| = \varepsilon \qquad (3)$$

等式(3) 表明

$$\lim_{\rho \to 0} \frac{1}{2\pi i} \int_{\Gamma_\rho} \frac{f(z) - f(z_0)}{z - z_0} dz = 0$$

或

$$\lim_{\rho \to 0} \frac{1}{2\pi i} \int_{\Gamma_\rho} \frac{f(z)}{z - z_0} dz = \lim_{\rho \to 0} \frac{1}{2\pi i} \int_{\Gamma_\rho} \frac{f(z_0)}{z - z_0} dz \qquad (4)$$

但等式

$$\frac{1}{2\pi i} \int_{\Gamma_\rho} \frac{f(z)}{z - z_0} dz = \frac{1}{2\pi i} \int_{\Gamma} \frac{f(z)}{z - z_0} dz$$

及

$$\frac{1}{2\pi i} \int_{\Gamma_\rho} \frac{f(z_0)}{z - z_0} dz = f(z_0)$$

在 ρ 充分小后与 ρ 无关,因此由式(4) 得

$$\frac{1}{2\pi i} \int_{\Gamma} \frac{f(z)}{z - z_0} dz = \frac{1}{2\pi i} \int_{\Gamma} \frac{f(z_0)}{z - z_0} dz = f(z_0) \qquad (5)$$

证毕.

注 上述中的 z_0 是在区域 D 内的. 如果 z_0 在 $\overline{D}$ 外,那么 $\dfrac{f(z)}{z - z_0}$ 在 $\overline{D}$ 上就解析了,因而由柯西积分定理即知

$$\frac{1}{2\pi i} \int_{\Gamma} \frac{f(z)}{z - z_0} dz = 0$$

❺❾ 求 $\displaystyle\int_{\Gamma} \frac{dz}{z(z^2 + 1)}$,$\Gamma$: $\mid z - i \mid = \dfrac{1}{2}$.

解 因 $\displaystyle\int_{\Gamma} \frac{dz}{z(z^2 + 1)} = \int_{\Gamma} \frac{\dfrac{1}{z(z + i)}}{z - i} dz$,又记

$$f(z) = \frac{1}{z(z + i)}$$

显然 $f(z)$ 于 Γ 上及其内解析,令 $z_0 = i$,故利用柯西积分公式即知

$$\int_{\Gamma} \frac{f(z)}{z - i} dz = 2\pi i f(i) = 2\pi i \cdot \frac{1}{i(i + i)} = -\pi i$$

❻⓪ 求 $\displaystyle\int_{\Gamma} \frac{e^z dz}{z(z^2 + 1)}$,$\Gamma$: $\mid z - i \mid = \dfrac{1}{2}$.

解 $\int_{\rho}\dfrac{e^z dz}{z(z^2+1)}$ 可写为 $\int_{\rho}\dfrac{\frac{e^z}{z(z+i)}}{z-i}dz$,则由柯西积分公式即知

$$\int_{\Gamma_{\rho}}\frac{e^z dz}{z(z^2+1)}=2\pi i\left(\frac{e^z}{z(z+i)}\right)_{z=i}=2\pi i\cdot\frac{e^i}{i(i+i)}=$$
$$\pi i e^i=\pi(\sin 1-i\cos 1)$$

❻① 求 $\int_r\dfrac{\cos z}{z}dz$ 与 $\int_r\dfrac{\sin z}{z^2}dz$,$r$ 为单位圆.

解 因 $\cos z$ 在单位圆上解析,故由柯西积分公式得

$$1=\cos 0=\frac{1}{2\pi i}\int_r\frac{\cos z}{z}dz$$

所以

$$\int_r\frac{\cos z}{z}dz=2\pi i$$

又由柯西积分公式的导数知

$$\sin'(0)=\frac{1}{2\pi i}\int_r\frac{\cos z}{z^2}dz$$

所以

$$\int_r\frac{\sin z}{z^2}dz=2\pi i\cos 0=2\pi i$$

❻② 考虑 $\int_r\dfrac{e^z}{z}dz$,这里 r 是单位圆,证明

$$\int_0^{\pi}e^{\cos\theta}\cos(\sin\theta)d\theta=\pi$$

提示 应用柯西积分公式.

❻③ 求 $I=\int_C\dfrac{\sin\frac{\pi^2}{4}dz}{z^2-1}$,其中 C 为圆 $x^2+y^2-2x=0$.

答 由柯西积分公式得 $\dfrac{\sqrt{2}}{2}\pi i$.

❻④ 设 $f(z)$ 在 $|z|<1$ 内解析,且 $|f(z)|\leqslant 1$,试估计 $|f'(0)|$.
解 由柯西不等式

$$|f'(0)| \leqslant \frac{1}{R}$$

对每个 $R < 1$. 因此

$$|f'(0)| < 1$$

由 $f(z) = z$ 知,这可能是最好界.

❻❺ 试用柯西公式计算第 48 题.

解 (1) 因函数 $\frac{1}{3z+1}$ 在 $|z| \leqslant \frac{1}{6}$ 上解析,由柯西公式知

$$\int_{|z|=\frac{1}{6}} \frac{\mathrm{d}z}{z(3z+1)} = \int_{|z|=\frac{1}{6}} \frac{\frac{\mathrm{d}z}{3z+1}}{z-0} = 2\pi\mathrm{i}\left(\frac{1}{3z+1}\right)\Big|_{z=0} = 2\pi\mathrm{i}$$

(2) $\int_{|z|=1} \frac{\mathrm{d}z}{z(3z+1)} = \int_{\Gamma_1+\Gamma_2} \frac{\mathrm{d}z}{z(3z+1)} = \int_{\Gamma_1} \frac{\mathrm{d}z}{z(3z+1)} + \int_{\Gamma_2} \frac{\mathrm{d}z}{z(3z+1)}$

其中 Γ_1 与 Γ_2 是分别以 $z=0$ 与 $z=-\frac{1}{3}$ 为圆心,半径 $t < \frac{1}{6}$ 的任意圆周.

由柯西公式知

$$\int_{\Gamma_1} \frac{\mathrm{d}z}{z(3z+1)} = \int_{\Gamma_1} \frac{\frac{\mathrm{d}z}{3z+1}}{z-0} = 2\pi\mathrm{i}\left(\frac{1}{3z+1}\right)\Big|_{z=0} = 2\pi\mathrm{i}$$

$$\int_{\Gamma_2} \frac{\mathrm{d}z}{z(3z+1)} = \int_{\Gamma_2} \frac{\frac{\mathrm{d}z}{3z}}{z-\left(-\frac{1}{3}\right)} = 2\pi\mathrm{i}\left(\frac{1}{3z}\right)\Big|_{z=-\frac{1}{3}} = -2\pi\mathrm{i}$$

所以

$$\int_{|z|=1} \frac{\mathrm{d}z}{z(3z+1)} = 2\pi\mathrm{i} - 2\pi\mathrm{i} = 0$$

❻❻ 计算积分

$$\int_{|z|=2} \frac{|\mathrm{d}z|}{(z-1)^2} \quad \text{(正方向)}$$

解 因为 $|z| = 2$,所以 $z = 2\mathrm{e}^{\mathrm{i}\varphi}, 0 \leqslant \varphi \leqslant 2\pi$,于是

$$\mathrm{d}z = 2\mathrm{i}\mathrm{e}^{\mathrm{i}\varphi}\mathrm{d}\varphi$$

$$|\mathrm{d}z| = 2\mathrm{d}\varphi = -\mathrm{i}2\frac{2\mathrm{i}\mathrm{e}^{\mathrm{i}\varphi}\mathrm{d}\varphi}{2\mathrm{e}^{\mathrm{i}\varphi}} = -\mathrm{i}2\frac{\mathrm{d}z}{z}$$

故

$$\int_{|z|=2} \frac{|\,\mathrm{d}z\,|}{|\,z-1\,|^2} = \int_{|z|=2} \frac{-\mathrm{i}2\dfrac{\mathrm{d}z}{z}}{(z-1)\,(\overline{z}-1)} =$$

$$2\mathrm{i}\int_{|z|=2} \frac{\mathrm{d}z}{z^2 - 5z + 4} =$$

$$\frac{2\mathrm{i}}{3}\left[\int_{|z|=2} \frac{\mathrm{d}z}{z-4} - \int_{|z|=2} \frac{\mathrm{d}z}{z-1}\right] =$$

$$\frac{2\mathrm{i}}{3}(0 - 2\pi\mathrm{i}) = \frac{4}{3}\pi$$

❻❼ 证明:若(1)

$$F(z) = \frac{1}{2\pi\mathrm{i}}\int_{\Gamma} \frac{\varphi(\zeta)\mathrm{d}\zeta}{\zeta - z}, \quad z \overline{\in} \Gamma$$

上式右边是柯西型积分;

(2)G 是任一个不含 Γ 上的点的区域,则

$$F^{(n)}(z) = \frac{n!}{2\pi\mathrm{i}}\int_{\Gamma} \frac{\varphi(\zeta)\mathrm{d}\zeta}{(\zeta - z)^{n+1}}, \quad z \in G, n = 1, 2, \cdots$$

证法一 用归纳法证明:

(1) 当 $n = 1$ 时,来证明

$$F'(z) = \frac{1}{2\pi\mathrm{i}}\int_{\Gamma} \frac{\varphi(\zeta)\mathrm{d}\zeta}{(\zeta - z)^2}$$

因为

$$\frac{F(z+h) - F(z)}{h} = \frac{1}{2\pi\mathrm{i}}\int_{\Gamma}\left[\frac{1}{\zeta - z - h} - \frac{1}{\zeta - z}\right]\frac{\varphi(\zeta)}{h}\mathrm{d}\zeta =$$

$$\frac{1}{2\pi\mathrm{i}}\int_{\Gamma} \frac{\varphi(\zeta)\mathrm{d}\zeta}{(\zeta - z - h)(\zeta - z)}$$

所以

$$\left|\frac{F(z+h) - F(z)}{h} - \frac{1}{2\pi\mathrm{i}}\int_{\Gamma} \frac{\varphi(\zeta)\mathrm{d}\zeta}{(\zeta - z)^2}\right| =$$

$$\left|\frac{1}{2\pi\mathrm{i}}\int_{\Gamma}\left[\frac{\varphi(\zeta)}{(\zeta - z - h)(\zeta - z)} - \frac{\varphi(\zeta)}{(\zeta - z)^2}\right]\mathrm{d}\zeta\right| =$$

$$\frac{|\,h\,|}{2\pi}\left|\int_{\Gamma} \frac{\varphi(\zeta)\mathrm{d}\zeta}{(\zeta - z - h)(\zeta - z)^2}\right| \leqslant$$

$$\frac{|\,h\,|}{2\pi}\int_{\Gamma} \frac{|\,\varphi(\zeta)\,|\,|\,\mathrm{d}\zeta\,|}{|\,\zeta - z - h\,|\,|\,\zeta - z\,|^2}$$

因为 $z \overline{\in} \Gamma$,故 z 到 Γ 的距离 $2d > 0$,作以 z 为中心,半径 $r < d$ 的圆周 C(图 22),且 $C \subset G$,当 $|\,h\,| < d$ 时,则 $z + h$ 在 C 的内部. 于是,由 $\zeta \in \Gamma$,得到

$$|\zeta - z| > d, \quad |\zeta - z - h| > d$$

又 $\varphi(\zeta)$ 在 Γ 上连续，所以，$|\varphi(\zeta)| \leqslant M, \zeta \in \Gamma$. 故
有

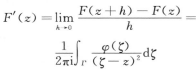

图 22

$$\frac{|h|}{2\pi} \int_\Gamma \frac{|\varphi(\zeta)||\,\mathrm{d}\zeta|}{|\zeta - z - h||\zeta - z|^2} \leqslant \frac{Mh}{2\pi d^3} \int_\Gamma |\,\mathrm{d}\zeta| =$$

$$\frac{Ml}{2\pi d^3}|h| \to 0, \quad h \to 0$$

其中 l 为 Γ 之长. 所以

$$F'(z) = \lim_{h \to 0} \frac{F(z+h) - F(z)}{h} =$$

$$\frac{1}{2\pi i} \int_\Gamma \frac{\varphi(\zeta)}{(\zeta - z)^2}\mathrm{d}\zeta$$

(2) 设当 $n = k$ 时，有公式

$$F^{(k)}(z) = \frac{k!}{2\pi i} \int_\Gamma \frac{\varphi(\zeta)\mathrm{d}\zeta}{(\zeta - z)^{k+1}}$$

下面来证明当 $n = k + 1$ 时，也有公式

$$F^{(k+1)}(z) = \frac{(k+1)!}{2\pi i} \int_\Gamma \frac{\varphi(\zeta)\mathrm{d}\zeta}{(\zeta - z)^{k+2}}$$

为此考虑

$$I = \frac{F^{(k)}(z+h) - F^{(k)}(z)}{h} - \frac{(k+1)!}{2\pi i} \int_\Gamma \frac{\varphi(\zeta)\mathrm{d}\zeta}{(\zeta - z)^{k+2}} =$$

$$\frac{k!}{2\pi i h} \int_\Gamma \left[\frac{1}{(\zeta - z - h)^{k+1}} - \frac{1}{(\zeta - z)^{k+1}} \right] \varphi(\zeta)\mathrm{d}\zeta -$$

$$\frac{(k+1)!}{2\pi i} \int_\Gamma \frac{\varphi(\zeta)\mathrm{d}\zeta}{(\zeta - z)^{k+2}} =$$

$$\frac{k!}{2\pi i} \int_\Gamma \frac{\left[(\zeta - z)^{k+2} - (\zeta - z)(\zeta - z - h)^{k+1} - (k+1)h(\zeta - z - h)^{k+1}\right]\varphi(\zeta)}{h(\zeta - z - h)^{k+1}(\zeta - z)^{k+2}}\mathrm{d}\zeta =$$

$$\frac{k!}{2\pi i} \int_\Gamma \{(\zeta - z)[(\zeta - z) - (\zeta - z - h)][(\zeta - z)^k + (\zeta - z)^{k-1}(\zeta - z - h) + \cdots +$$

$$(\zeta - z - h)^k] - (k+1)h(\zeta - z - h)^{k+1}\}\varphi(\zeta)/h(\zeta - z - h)^{k+1}(\zeta - z)^{k+2}\mathrm{d}\zeta =$$

$$\frac{k!}{2\pi i} \int_\Gamma \{(\zeta - z)[(\zeta - z - h)^k + (\zeta - z - h)^{k-1}(\zeta - z) + \cdots +$$

$$(\zeta - z)^k] - (k+1)(\zeta - z - h)^{k+1}\}\varphi(\zeta)/(\zeta - z - h)^{k+1}(\zeta - z)^{k+1}\mathrm{d}\zeta =$$

$$\frac{k!}{2\pi i} \int_\Gamma \{t(t - h)^k + t^2(t - h)^{k-1} + \cdots +$$

$$t^{k+1} - (k+1)(t - h)^{k+1}\}\varphi(\zeta)/(t - h)^{k+1}t^{k+2}\mathrm{d}\zeta(\text{其中 } t = \zeta - z) =$$

$$\frac{k!}{2\pi i} \int_\Gamma \{[t(t - h)^k - (t - h)^{k+1}] + [t^2(t - h)^{k-1} - (t - h)^{k+1}] + \cdots +$$

$$[t^{k+1} - (t-h)^{k+1}]\}\varphi(\zeta)/t^{k+2}(t-h)^{k+1}\mathrm{d}\zeta =$$

$$\frac{k!}{2\pi i}\int_\Gamma \{h(t-h)^k + h[t+(t-h)](t-h)^{k-1} + h[t^2 + t(t-h) + (t-h)^2](t-h)^{k-2} + \cdots + h[t^k + t^{k-1}(t-h) + \cdots + (t-h)^k]\}\varphi(\zeta)/t^{k+2}(t-h)^{k+1}\mathrm{d}\zeta =$$

$$\frac{k!\, h}{2\pi i}\int_\Gamma \{(t-h)^k + [t+(t-h)](t-h)^{k-1} + [t^2 + t(t-h) + (t-h)^2](t-h)^{k-2} + \cdots + [t^k + t^{k-1}(t-h) + \cdots + (t-h)^k]\}\varphi(\zeta)/t^{k+2}(t-h)^{k+1}\mathrm{d}\zeta$$

作以原点为圆心,半径为 R 且其内部包含 Γ 与圆周 C 的圆周 k,于是

$$d < |\zeta - z| = |t| < 2R$$
$$d < |\zeta - z - h| = |t - h| < 2R$$

故有

$$|I| \leqslant \frac{k!}{2\pi}\frac{|h|}{} \frac{(2R)^k + 2(2R)^k + 3(2k)^k + \cdots + (k+1)(2R)^k}{d^{2k+3}}Ml =$$

$$\frac{k!\,|h|\,Ml}{2\pi} \frac{(k+1)(k+2)(2R)^k}{2d^{2k+3}} \to 0, \quad h \to 0$$

这是因为 k, M, l, d, R 均是常数.

所以

$$F^{(k+1)}(z) = \lim_{h \to 0}\frac{F^{(h)}(z+h) - F^{(k)}(z)}{h} =$$

$$\frac{(k+1)!}{2\pi i}\int_\Gamma \frac{\varphi(\zeta)\mathrm{d}\zeta}{(\zeta - z)^{k+2}}$$

由归纳法知,对任意的自然数 n,均有

$$F^{(n)}(z) = \frac{n!}{2\pi i}\int_\Gamma \frac{\varphi(\zeta)\mathrm{d}\zeta}{(\zeta - z)^{n+1}}, \quad z \in G$$

证法二 我们先证明如下的引理:

❻❽ 若 $\varphi(\zeta)$ 是逐段光滑曲线 Γ 上的连续函数,G 是任一个不含 Γ 上的点的区域,且

$$P_n(z) = \int_\Gamma \frac{\varphi(\zeta)\mathrm{d}\zeta}{(\zeta - z)^n}, \quad z \in G$$

则 $P_n(z)$ 在 G 内解析,且 $P'_n(z) = nP_{n+1}(z)$.

证 仍用归纳法来证明.

(1) 先证:$P'_1(z) = P_2(z)$.

为此首先证明 $P_1(z)$ 是连续的,$z \in G$.

同上题方法一一样,对任意一点 $z_0 \in G$,由于 $z_0 \overline{\in} \Gamma$,故 z_0 到 Γ 的距离

$2d > 0$,作以 z_0 为中心,半径 $r < d$ 的圆周 c,且 $c \subset G$,当 $|h| < d$ 时

$$|z - z_0| < d, \quad |\zeta - z| > d, \quad |\zeta - z_0| > d$$

其中

$$z_0 + h = z, \quad \zeta \in \Gamma$$

于是

$$|P_1(z) - P_1(z_0)| = \left| \int_\Gamma \frac{\varphi(\zeta)\mathrm{d}\zeta}{\zeta - z} - \int_\Gamma \frac{\varphi(\zeta)\mathrm{d}\zeta}{\zeta - z_0} \right| =$$

$$\left| (z - z_0) \int_\Gamma \frac{\varphi(\zeta)\mathrm{d}\zeta}{(\zeta - z)(\zeta - z_0)} \right| <$$

$$|z - z_0| \frac{Ml}{d^2} \to 0, \quad z \to z_0$$

这是因 $\varphi(\zeta)$ 在 Γ 上连续,故 $|\varphi(\zeta)| \leqslant M$,其中 l 为 Γ 之长. 所以 $F_1(z)$ 在点 z_0 是连续的,由于 z_0 的任意性知,$F_1(z)$ 在 G 内连续.

令

$$\psi(\zeta) = \frac{\varphi(\zeta)}{\zeta - z_0}, \quad G_n(z) = \int_\Gamma \frac{\psi(\zeta)\mathrm{d}\zeta}{(\zeta - z)^n}$$

因 $\psi(\zeta)$ 在 Γ 上连续,所以 $G_n(z)$ 满足引理的条件,由刚才的证明知 $G_1(z)$ 在点 z_0 连续,即

$$\lim_{z \to z_0} \int_\Gamma \frac{\varphi(\zeta)\mathrm{d}\zeta}{(\zeta - z)(\zeta - z_0)} = \lim_{z \to z_0} G_1(z) = G_1(z_0) =$$

$$\int_\Gamma \frac{\psi(\zeta)\mathrm{d}\zeta}{\zeta - z_0} = \int_\Gamma \frac{\varphi(\zeta)\mathrm{d}\zeta}{(\zeta - z_0)^2}$$

而

$$\frac{F_1(z) - F_1(z_0)}{z - z_0} = \int_\Gamma \frac{\varphi(\zeta)\mathrm{d}\zeta}{(\zeta - z)(\zeta - z_0)}$$

所以

$$P'_1(z_0) = \lim_{z \to z_0} \frac{F_1(z) - F_1(z_0)}{z - z_0} =$$

$$\int_\Gamma \frac{\varphi(\zeta)\mathrm{d}\zeta}{(\zeta - z_0)^2} = P_2(z_0)$$

由 z_0 的任意性知:$P'_1(z) = P_2(z), z \in G$.

(2)设 $n = k - 1$ 时,有

$$P'_k(z) = (k-1)P_k(z), \quad z \in G$$

我们也先来证明 $P_k(z)$ 是连续的.

因为

$$P_k(z) - P_k(z_0) = \int_\Gamma \frac{(\zeta - z_0)^k - (\zeta - z)^k}{[(\zeta - z)(\zeta - z_0)]^k} \varphi(\zeta)\mathrm{d}\zeta =$$

$$\left[\int_r \frac{\varphi(\zeta)\mathrm{d}\zeta}{(\zeta-z)^{k-1}(\zeta-z_0)} - \int_r \frac{\varphi(\zeta)\mathrm{d}\zeta}{(\zeta-z_0)^k}\right] +$$

$$(z-z_0)\int_r \frac{\varphi(\zeta)\mathrm{d}\zeta}{(\zeta-z)^k(\zeta-z_0)}$$

由于已假设 $P'_{k-1}(z)=(k-1)P_k(z)$，所以知 $P_{k-1}(z)$ 在 G 上是连续的，故 $G_{k-1}(z)$ 是连续的，且有

$$G'_{k-1}(z)=(k-1)G_k(z)$$

故

$$\lim_{z\to z_0} G_{k-1}(z)=G_{k-1}(z_0)$$

即

$$\lim_{z\to z_0}\int_r \frac{\varphi(\zeta)\mathrm{d}\zeta}{(\zeta-z)^{k-1}(\zeta-z_0)} = \int_r \frac{\varphi(\zeta)\mathrm{d}\zeta}{(\zeta-z_0)^k}$$

所以 $P_k(z)-P_k(z_0)$ 的表达式的第一项（方括号内的式子），当 $z\to z_0$ 时，趋于零.

而

$$\lim_{z\to z_0}\frac{\varphi(\zeta)}{(\zeta-z)^k(\zeta-z_0)} = \frac{\varphi(\zeta)}{(\zeta-z_0)^{k+1}}$$

所以在 z_0 的一个邻域 $U_\delta(x_0)$ 内

$$\left|\frac{\varphi(\zeta)}{(\zeta-z)^k(\zeta-z_0)}\right| \leqslant P$$

故

$$\left|(z-z_0)\int_r \frac{\varphi(\zeta)\mathrm{d}\zeta}{(\zeta-z)^k(\zeta-z_0)}\right| \leqslant$$

$$|z-z_0|Pl \to 0, \quad z\to z_0$$

于是得到 $P_k(z)$ 在 G 内的任意一点 z_0 是连续的，同时也得知 $G_k(z)$ 也是连续的，$z\in G$. 所以

$$\frac{P_k(z)-P_k(z_0)}{z-z_0} = \frac{\displaystyle\int_r \frac{\varphi(\zeta)\mathrm{d}\zeta}{(\zeta-z)^{k-1}(\zeta-z_0)} - \int_r \frac{\varphi(\zeta)\mathrm{d}\zeta}{(\zeta-z_0)^k}}{z-z_0} +$$

$$\int_r \frac{\varphi(\zeta)\mathrm{d}\zeta}{(\zeta-z)^k(\zeta-z_0)}$$

当 $z\to z_0$ 时，右端第一项的极限为

$$G'_{k-1}(z_0)=(k-1)G_k(z_0)$$

即

$$(k-1)\int_r \frac{\varphi(\zeta)\mathrm{d}\zeta}{(\zeta-z_0)^{k+1}} = (k-1)P_{k+1}(z_0)$$

右端第二项的极限由 $G_k(z)$ 的连续性知

$$G_k(z_0) = P_{k+1}(z_0)$$

所以

$$\lim_{z \to z_0} \frac{P_k(z) - P_k(z_0)}{z - z_0} = (k-1)P_{n+1}(z_0) + P_{k+1}(z_0) = kP_{k+1}(z_0)$$

由 z_0 的任意性知

$$P'_k(z) = kP_{k+1}(z)$$

由归纳法知,对任意的自然数 n,有

$$P'_n(z) = nP_{n+1}(z), \quad z \in G$$

现在回到原题的证明,由上面的公式得到

$$\frac{1}{2\pi i}P'_1(z) = \frac{1}{2\pi i}P_2(z)$$

即

$$F'(z) = \frac{1}{2\pi i}\int_\Gamma \frac{\varphi(\zeta)\,d\zeta}{(\zeta - z)^2}$$

$$\frac{1}{2\pi i}P'_2(z) = \frac{2}{2\pi i}P_3(z)$$

即

$$F''(z) = \frac{2!}{2\pi i}\int_\Gamma \frac{\varphi(\zeta)\,d\zeta}{(\zeta - z)^3}$$

$$\vdots$$

$$\frac{1}{2\pi i}P'_n(z) = \frac{n}{2\pi i}P_{n+1}(z)$$

则

$$F^{(n)}(z) = \frac{n!}{2\pi i}\int_\Gamma \frac{\varphi(\zeta)\,d\zeta}{(\zeta - z)^{n+1}}$$

$$\vdots$$

证法三　下证情形(2)中等式对 $n=1$ 成立.

由柯西公式知

$$\frac{\varphi(z + \Delta z) - f(z)}{\Delta z} = \frac{1}{\Delta z}\left[\frac{1}{2\pi i}\int_\Gamma \frac{\varphi(\zeta)}{\zeta - z - \Delta z}\,d\zeta - \frac{1}{2\pi i}\int_\Gamma \frac{\varphi(\zeta)}{\zeta - z}\,d\zeta\right] =$$

$$\frac{1}{2\pi i}\int_\Gamma \frac{\varphi(\zeta)}{(\zeta - z - \Delta z)(\zeta - z)}\,d\zeta$$

(此处 Δz 需取得使 $z + \Delta z \in D$).

因此,为证明所求等式对 $n=1$ 成立,只要证明对任给的 $\varepsilon > 0$,以下不等式

$$\left|\frac{1}{2\pi i}\int_\Gamma \frac{\varphi(\zeta)}{(\zeta - z - \Delta z)(\zeta - z)}\,d\zeta - \frac{1}{2\pi i}\int_\Gamma \frac{\varphi(\zeta)}{(\zeta - z)^2}\,d\zeta\right| < \varepsilon \tag{1}$$

当 $|\Delta z|$ 充分小时成立就行了.

因 $\varphi(z)$ 在 Γ 上是解析的,故 $f(z)$ 沿 Γ 也连续. 又因 Γ 是闭集,故 $|f(z)|$ 沿 Γ 有界. 设 M 为其界,即对任何 $\zeta \in \Gamma$, 有 $|\varphi(\zeta)| \leqslant M$. 用 d 表示点 z 到 Γ 的距离. 因此,对任何 $\zeta \in \Gamma$, 有 $|\zeta - Z| \geqslant d$, 且 $d > 0$.

先令 $|\Delta z| < \dfrac{d}{2}$, 于是由 d 之定义知 $z + \Delta z$ 必含于 D, 且有

$$|\zeta - z - \Delta z| \geqslant |\zeta - z| - |\Delta z| > d - \frac{d}{2} = \frac{d}{2}$$

因此,我们有

$$\left| \frac{1}{2\pi i} \int_\Gamma \frac{\varphi(\zeta)}{(\zeta - z - \Delta z)(\zeta - z)} \mathrm{d}\zeta - \zeta \frac{1}{2\pi i} \int_\Gamma \frac{\varphi(\zeta)}{(\zeta - z)^2} \mathrm{d}\zeta = \right.$$

$$\left| \frac{1}{2\pi i} \int_\Gamma \frac{\Delta z \varphi(\zeta)}{(\zeta - z - \Delta z)(\zeta - z)} \mathrm{d}\zeta \right| \leqslant$$

$$\frac{|\Delta z|}{2\pi} \int_\Gamma \frac{|\varphi(\zeta)|}{|\zeta - z - \Delta z||\zeta - z|} |\mathrm{d}\zeta| \leqslant$$

$$\frac{|\Delta z|}{2\pi} \cdot \frac{M \cdot L}{\frac{d}{2} \cdot d^2} = c \cdot |\Delta z|$$

其中 $c = \dfrac{ML}{\pi d^3}$, L 是曲线 Γ 的长.

可见,若取 $\delta = \min\left(\dfrac{\varepsilon}{c}, \dfrac{d}{2} \right)$, 则当 $|\Delta z| < \delta$ 时,便有不等式 (1) 成立.

注 点 z 到集 E 的距离 $d(z, E)$ 规定为

$$d(z, E) = \inf_{\zeta \in E} |\zeta - z|$$

容易证明以下结论:若 E 为闭集,则当 $z \in E$ 时,$d(z, E) > 0$, 或当 $d(z, E) = 0$ 时,必有 $z \in E$. 事实上,当 $d(z, E) = 0$ 时,由下确界定义,对任何自然数 n, 必有 $\zeta_n \in E$, 使 $d(z, \zeta_n) = |\zeta_n - z| < \dfrac{1}{n}$. 于是 ζ_n 收敛于 z. 由于 E 是闭集,故必有 $z \in E$.

❻❾ 求积分 $\displaystyle\int_{|z|=1} \dfrac{\mathrm{d}z}{z^n}$, n 为大于 1 的自然数.

解 因为

$$\frac{(n-1)!}{2\pi i} \int_{|z|=1} \frac{1}{z^n} \mathrm{d}z = (1)'_{z=0} = 0$$

故

$$\int_{|z|=1} \frac{dz}{z^n} = 0$$

❼⓪ 求积分 $\int_{|z|=1} \frac{e^z}{z^n} dz$，$n$ 为整数.

解 当 $n \le 0$ 时，$\frac{e^z}{z^n}$ 在 $|z|=1$ 上及其内解析，故此时积分值为 0（根据柯西定理）.

当 $n=1$ 时，根据柯西公式即知

$$\int_{|z|=1} \frac{e^z dz}{z} = 2\pi i (e^z)_{z=0} = 2\pi i$$

当 $n > 1$ 时，即知

$$\int_{|z|=1} \frac{e^z}{z^n} dz = \frac{2\pi i}{(n-1)!} \left(\frac{d^{n-1}}{dz^{n-1}} e^z \right)_{z=0} = \frac{2\pi i}{(n-1)!}$$

❼① 利用积分 $\int_{|z|=1} \frac{e^z}{z^n} dz$ 计算以下实积分 $\int_0^{2\pi} e^{\cos\theta} \sin(\sin\theta) d\theta$，

$\int_0^{2\pi} e^{\cos\theta} \cos(\sin\theta) d\theta.$

解 由上题已知

$$\int_{|z|=1} \frac{e^z}{z} dz = 2\pi i$$

另一方面，因为

$$\int_{|z|=1} \frac{e^z}{z} dz = \int_0^{2\pi} \frac{e^{re^{i\theta}}}{re^{i\theta}} r i e^{i\theta} d\theta \quad (r=1) =$$

$$\int_0^{2\pi} i e^{\cos\theta + i\sin\theta} d\theta =$$

$$-\int_0^{2\pi} e^{\cos\theta} \sin(\sin\theta) d\theta +$$

$$i\int_0^{2\pi} e^{\cos\theta} \cos(\sin\theta) d\theta$$

所以得到

$$\int_0^{2\pi} e^{\cos\theta} \sin(\sin\theta) d\theta = 0$$

$$\int_0^{2\pi} e^{\cos\theta} \cos(\sin\theta) d\theta = 2\pi$$

❷ 分别求函数 $\dfrac{\sin\dfrac{\pi}{4}z}{z^2-1}$ 沿曲线 $\Gamma_1: |z-1|=\dfrac{1}{2}; \Gamma_2: |z+1|=$

$\dfrac{1}{2}; \Gamma_3: |z|=2$ 的积分值.

解

$$\int_{|z-1|=\frac{1}{2}} \frac{\sin\dfrac{\pi}{4}z}{z^2-1}dz = \int_{|z-1|=\frac{1}{2}} \frac{\dfrac{\sin\dfrac{\pi}{4}z}{z+1}}{z-1}dz =$$

$$2\pi i\left(\frac{\sin\dfrac{\pi}{4}z}{z+1}\right)_{z=1} =$$

$$2\pi i\left(\frac{\dfrac{\sqrt{2}}{2}}{2}\right) = \frac{\sqrt{2}}{2}\pi i$$

$$\int_{|z+1|=\frac{1}{2}} \frac{\sin\dfrac{\pi}{4}z}{z^2-1}dz = 2\pi i\int_{|z+1|=\frac{1}{2}} \frac{\dfrac{\sin\dfrac{\pi}{4}z}{z-1}}{z+1}dz =$$

$$2\pi i\left(\frac{\sin\dfrac{\pi}{4}z}{z-1}\right)_{z=-1} =$$

$$2\pi i\left(\frac{-\dfrac{\sqrt{2}}{2}}{-2}\right) = \frac{\sqrt{2}}{2}\pi i$$

$$\int_{|z|=2} \frac{\sin\dfrac{\pi}{4}z}{z^2-1}dz = \int_{|z-1|=\frac{1}{2}} \frac{\sin\dfrac{\pi}{4}z}{z^2-1}dz + \int_{|z+1|=\frac{1}{2}} \frac{\sin\dfrac{\pi}{4}z}{z^2-1}dz =$$

$$\frac{\sqrt{2}}{2}\pi i + \frac{\sqrt{2}}{2}\pi i = \sqrt{2}\,\pi i$$

（前两个积分的计算是根据柯西公式,后一个积分则是根据柯西定理得到的）.

❸ 求 $\displaystyle\int_{|z|=4} \frac{\cos\pi z}{z^3(z-1)^2}dz$.

解 易见,被积函数在 $|z|=4$ 内部有两个奇点 $z=0$ 和 $z=1$. 为计算积分,我们运用已经使用过的办法,将这两点挖掉,以便能使用柯西定理. 为此,作以下两个圆, $\Gamma_1: |z|=\dfrac{1}{2}, \Gamma_2: |z-1|=\dfrac{1}{2}$. 于是,由柯西定理有

$$\int_{|z|=4} \frac{\cos \pi z}{z^3(z-1)^2} \mathrm{d}z + \int_{\Gamma_{1^-}} \frac{\cos \pi z}{z^3(z-1)^2} \mathrm{d}z +$$

$$\int_{\Gamma_{2^-}} \frac{\cos \pi z}{z^3(z-1)^2} \mathrm{d}z = 0$$

下面只需要计算 $\int_{\Gamma_1}$ 和 $\int_{\Gamma_2}$ 了.

因为

$$\int_{\Gamma_1} \frac{\cos \pi z}{z^3(z-1)^2} \mathrm{d}z = \int_{|z|=\frac{1}{2}} \frac{\dfrac{\cos \pi z}{(z-1)^2}}{z^3} \mathrm{d}z =$$

$$\frac{2\pi \mathrm{i}}{2!} \left(\frac{\cos \pi z}{(z-1)^2} \right)''_{z=0} =$$

$$\pi \mathrm{i} \left(\frac{-\pi^2 \cos \pi z}{(z-1)^2} + \frac{4\pi \sin \pi z}{(z-1)^3} + \frac{6\cos \pi z}{(z-1)^4} \right)_{z=0} =$$

$$(6-\pi)\pi \mathrm{i}$$

$$\int_{\Gamma_2} \frac{\cos \pi z}{z^3(z-1)^2} \mathrm{d}z = \int_{|z-1|=\frac{1}{2}} \frac{\dfrac{\cos \pi z}{z^3}}{(z-1)^2} \mathrm{d}z =$$

$$2\pi \mathrm{i} \left(\frac{\cos \pi z}{z^3} \right)'_{z=1} = 6\pi \mathrm{i}$$

因此

$$\int_{|z|=4} \frac{\cos \pi z}{z^3(z-1)^2} \mathrm{d}z = (6-\pi)\pi \mathrm{i} + 6\pi \mathrm{i} = (12-\pi)\pi \mathrm{i}$$

❼❹ 证明：若 $f(z)$ 在单位圆 $|z| < 1$ 内解析，且 $|f(z)| \leqslant \dfrac{1}{1-|z|}$，则

$$|f^{(n)}(0)| < \mathrm{e}(n+1)!, \quad n = 1, 2, \cdots$$

证 取 Γ 为圆 $|z| = \dfrac{n}{n+1}$.

因为 $0 < \dfrac{n}{n+1} < 1$，所以由假设知 $f(z)$ 在 Γ 上及其内解析，故

$$f^{(n)}(0) = \frac{n!}{2\pi \mathrm{i}} \int_{\Gamma} \frac{f(z)}{z^{n+1}} \mathrm{d}z$$

于是得

$$|f^{(n)}(0)| \leqslant \frac{n!}{2\pi \mathrm{i}} \left| \int \frac{f(z)}{z^{n+1}} \mathrm{d}z \right| \leqslant$$

$$\frac{n!}{2\pi}\cdot\frac{\dfrac{1}{1-\dfrac{n}{n+1}}}{\left(\dfrac{n}{n+1}\right)^{n+1}}2\pi\frac{n}{n+1}=$$

$$(n+1)!\left(1+\frac{1}{n}\right)^{n}<\mathrm{e}(n+1)!$$

（本题可直接套用柯西不等式）.

❼❺ 设 $f(z)$ 于区域 D 内解析，$z\in D,\Gamma$ 为圆 $|\zeta-z|=r$，且 Γ 及其内部含于 D，则有

$$|f^{(n)}(z)|\leqslant\frac{n!\ M(r)}{r^{n}} \tag{1}$$

其中 $M(r)=\max\limits_{z\in\Gamma}|f(z)|$.

证 由上题知

$$f^{(n)}(z)=\frac{n!}{2\pi\mathrm{i}}\int_{\Gamma}\frac{f(\zeta)}{(\zeta-z)^{n+1}}\mathrm{d}\zeta$$

故

$$|f^{(n)}(z)|\leqslant\frac{n!}{2\pi}\int_{\Gamma}\frac{|f(\zeta)|}{|\zeta-z|^{n+1}}|\mathrm{d}\zeta|\leqslant$$

$$\frac{n!}{2\pi}\cdot\frac{M(r)}{r^{n+1}}\cdot 2\pi r=\frac{n!\ M(r)}{r^{n}}$$

不等式(1)就叫柯西不等式.

❼❻（柳维尔（Liouville）定理）若 $f(z)$ 在整个 z 平面上解析且有界，则 $f(z)$ 必为常数.

证 由假设，存在 $M>0$，对 z 平面上任何点 z 有 $|f(z)|\leqslant M$. 于是对任何正数 r 有 $M(r)=\max\limits_{|z|=r}|f(z)|\leqslant M$，应用 $n=1$ 的情形下的柯西不等式，即得

$$|f'(z)|\leqslant\frac{M}{r}$$

由于上式对任何正数 r 都成立，故得 $|f'(z)|=0$，且 $f(z)$ 为常数，证毕.

注1 在整个数轴 $(-\infty,+\infty)$ 上可微且有界的实函数不一定是常数，例如 $\cos x,\sin x$ 等. 然而柳维尔定理指出，在整个平面上可微且有界的复变函数必是常数.

注 2 在整个平面上解析的函数叫整函数. 因此, 柳维尔定理可叙述为: 有界的整函数必是常数.

$a_0 z^n + a_1 z^{n-1} + \cdots + a_n (n$ 为自然数$), \mathrm{e}^z, \cos z, \sin z$ 等都是整函数的例子, 它们都不是常数, 因而据柳维尔定理便知, 它们都是无界的.

❼❼ 若 $f(z)$ 于单连通域 D 内连续且对含于 D 内的任一闭路 Γ 有

$$\int_\Gamma f(z)\mathrm{d}z = 0$$

则 $f(z)$ 于 D 解析.

证 当 $f(z)$ 于 D 连续且沿 D 内任一闭路积分等于 0 时, $F(z) = \int_{z_0}^z f(\zeta)\mathrm{d}\zeta$ 是 D 上的解析函数, 且 $F'(z) = f(z)$.

又由第 75 题知, 解析函数的导函数仍可导, 因而导函数仍解析. 因 $F(z)$ 解析, 故 $f(z) = F'(z)$ 也解析.

证毕.

❼❽ 设 $f(z)$ 在整个复平面上是一个整函数且 $|f(z)| \geqslant 1$, 证明 f 是一常数.

证 因 $\dfrac{1}{f}$ 在复平面上是整函数且 $\left| \dfrac{1}{f|z|} \right| \leqslant 1$, 因此由柳维尔定理, $\dfrac{1}{f}$ 是一个常数, 从而 f 是常数.

❼❾ 证明, 若 F 在域 G 内解析, 则由

$$f(z) = \frac{F(z) - F(z_0)}{z - z_0}, \quad z \neq z_0$$

$f(z_0) = F'(z_0), z_0$ 为 G 内某点, 定义的 f 亦在 G 内解析.

证 因 f 在 $\dfrac{G}{\{z_0\}}$ 上解析, 当然也就连续, 另一方面因

$$f(z_0) = F'(z_0) = \lim_{z \to z_0} \frac{F(z) - F(z_0)}{z - z_0} = \lim_{z \to z_0} f(z)$$

所以 f 在点 z_0 也连续.

又把 f 限制在圆盘 $D(z_0, \varepsilon)$ 上, 则因 f 在 z_0 的邻近有界, 设 $|f| \leqslant M$, 则对圆盘内任一闭曲线 r, 有

$$\int_r f(z)\mathrm{d}z = \int_{r_\varepsilon} f(z)\mathrm{d}z$$

r_ϵ 为圆周 $|z-z_0|=\epsilon$.

所以

$$\left|\int_r f\,\mathrm{d}z\right|=\left|\int_{r_\epsilon} f\,\mathrm{d}z\right|\leqslant M\cdot 2\pi\epsilon$$

对任何 $\epsilon>0$. 所以

$$\int_r f(z)\,\mathrm{d}z=0$$

故由莫雷拉(Morera)定理知 f 在 $D(z_0,\epsilon)$ 上解析.

从而 f 在 G 上解析.

❽⓪ 求 $I=\displaystyle\int_C \frac{\mathrm{e}^z\,\mathrm{d}z}{(\mathrm{e}^2+1)^2}$, 其中 C 为椭圆 $4x^2+y^2-2y-3=0$.

答 $-\pi$.

❽① (施瓦茨(Schwarz)引理) 设 $f(z)$ 在 $|z|<1$ 上解析, 且满足条件 $|f(z)|\leqslant 1, f(0)=0$, 则 $|f(z)|\leqslant|z|$, 且 $|f'(0)|\leqslant 1$. 若 $|f(z_0)|=|z_0|$, 对 $|z|<1$ 里的某点 $z_0, z_0\neq 0$, 则 $f(z)=cz$, 此处 c 为一常数, 而 $|c|=1$.

证 设

$$g(z)=\begin{cases} \dfrac{f(z)}{z}, & z\neq 0 \\[2mm] f'(0), & z=0 \end{cases}$$

则 $g(z)$ 在 $|z|<1$ 内连续, 且在 $0<|z|<1$ 内解析, 从而不难证明 $g(z)$ 在 $|z|<1$ 内解析.

让 $A_r=\{z\mid |z|\leqslant r\}$, 对 $0<r<1$. 则 $g(z)$ 在 A_r 上解析, 且在 $|z|=r$ 上

$$|g(z)|=\left|\frac{f(z)}{z}\right|\leqslant\frac{1}{r}$$

故由最大模原理

$$|g(z)|\leqslant\frac{1}{r}$$

对所有 $z\in A_r$, 即

$$|f(z)|\leqslant\frac{|z|}{r}$$

在 $|z|<1$ 内保持 z 固定, 让 $r\to 1$, 便得

$$| f(z) | \leqslant | z |$$

很清楚

$$| g(0) | \leqslant 1$$

或

$$| f'(0) | \leqslant 1$$

若 $| f(z_0) | = | z_0 |, z_0 \neq 0$,则 $| g(z_0) | = 1$ 是在 A_r 上的最大值,这里 $| z_0 | < r < 1$. 因此 g 在 A_r 是一常数. 这个常数不依赖于 r,因此证明了引理.

❽❷ 若 f 在域 G 解析且非零,则 $| f |$ 在 G 无严格的局部极小,若 f 在 G 有零点,举例说明论断将不保持.

证 因 f 在 G 解析且没有零点,故 $\frac{1}{f}$ 在 G 解析,由最大模定理,$\frac{1}{| f |}$ 在 G 不能有局部极大,除非 $\frac{1}{| f |}$ 为一常数,因此 $\frac{1}{| f |}$ 在 G 不能有严格局部极大,从而 $| f |$ 在 G 没有严格局部极小. 恒等函数 $I : z \longmapsto z$ 在单位圆盘内解析,且 $| I |$ 在原点有一个严格极小.

❽❸ 求 $| \sin z |$ 在 $[0, 2\pi] \times [0, 2\pi]$ 上的极大值.

解 因 $\sin z$ 为整函数,最大模原理告诉我们最大值只能出现在正方形的边界上.

今

$$| \sin z |^2 = \operatorname{sh}^2 y + \sin^2 x$$

(因 $\sin(x + iy) = \sin x \operatorname{ch} y + i \cos x \operatorname{sh} y, \sin^2 x + \cos^2 x = 1$,且 $\operatorname{sh}^2 y - \operatorname{ch}^2 y = 1$).

在边界 $y = 0$ 上,$| \sin z |^2$ 有极大值 1;对 $x = 0$,极大值是 $\operatorname{sh}^2 2\pi$,因 $\operatorname{sh} y$ 关于 y 递增;对 $x = 2\pi$,极大值是 $\operatorname{sh}^2 2\pi$;对 $y = 2\pi$,极大值是 $\operatorname{sh}^2 2\pi + 1$;因此 $| \sin z |^2$ 的极大值出现在 $x = \frac{\pi}{2}, y = 2\pi$,且是 $\operatorname{sh}^2 2\pi + 1 = \operatorname{ch}^2 2\pi$,故 $| \sin z |$ 在 $[0, 2\pi] \times [0, 2\pi]$ 上的极大值是 $\operatorname{ch} 2\pi$.

❽❹ 在单位方形 $[0, 1] \times [0, 1]$ 上求 $u(x, y) = \sin x \operatorname{ch} y$ 的极大值.

解 $u(x, y)$ 是调和函数且不是常数,故极大值是 $\sin x$ 与 $\operatorname{ch} y$ 在 $[0, 1]$ 上为增函数,故极大值是 $\sin(1) \operatorname{ch}(1)$.

85 证明:若 f 解析且 $|f|$ 在点 z_0 的 r 邻域内为一常数,则 $f(z)$ 为常数.

证 因 $|f|$ 在 $D = \{z \mid |z - z_0| < r\}$ 为常数, $|f|$ 于 D 上获得极大值,在 z_0 处也是在 D 的整个内部的极大值,故由最大模定理, f 在 D 上为常数.

86 设 f 与 g 在域 G 解析,在 $\overline{G}$(域 G 的闭包) 连续,这里 G 为开单连通有界域,若 $f = g$ 在 $bd(G)$(G 的边界),则 $f = g$ 在 $\overline{G}$.

证 因 $f - g$ 在 $\overline{G}$ 连续,在 G 解析, $(f - g)(z) = 0$, 对 $xobd(G)$, 因此,由最大模定理, $(f - g)(z) = 0$, 对所有 $z \in G$. 另一方面, $f(z) = g(z)$ 对所有 $z \in G$. 因此 $f = g$ 在 $\overline{G} = G \cup bd(G)$ 上.

87 设 $f:G \to C$ 解析且设 $w:B \to R$ 为调和且 $f(A) \subset B$. 证明 $w \circ f:A \to R$ 为调和.

证 $w = \operatorname{Re} g$, 这里 g 为解析,则
$$w \circ f = \operatorname{Re}(g \circ f)$$
但 $g \circ f$ 为解析.

因此 $w \circ f$ 为调和.

88 设 f 是解析的且 $f'(z) \neq 0$ 在域 G 内,令 $z_0 \in G$, 且设 $f(z_0) \neq 0, \varepsilon > 0$, 证明存在 $z \in G$ 与 $\xi \in G$, 使 $|z - z_0| < \varepsilon$, $|\xi - z_0| < \varepsilon$, 且
$$|f(z)| > |f(z_0)|$$
$$|f(\xi)| < |f(z_0)|$$

证 因 f 解析且非常数在 G 内, z_0 不能是相对极大,因此在 z_0 的每一邻域,特别在 $\{z \mid |z - z_0| < \varepsilon\}$, 有一点 z 使 $|f(z)| > |f(z_0)|$, 若 $f(z_0) \neq 0$, 由连续性知,在以 z_0 为心的同样小圆盘 D 内, $f(z) \neq 0$, 于是 $\dfrac{1}{f(z)}$ 在 D 解析,由此知存在 ξ 使
$$\left| \frac{1}{f(\xi)} \right| > \left| \frac{1}{f(z_0)} \right|$$
所以
$$|f(\xi)| < |f(z_0)|$$

❽❾ 设 f 是解析的且在一开连通集 A 上,并设有 $z_0 \in A$ 使 $|f(z)| \leqslant |f(z_0)|$,对所有 $z \in A$ 成立,证明 f 在 A 上为一个常数.

证 最大模定理表明 f 是一个常数,在任何包含 z_0 的 A 的 z 域的边界上(连通的),取这种 z 区域的一个递增序列,使其是 A,即给出所证结果.

❾❿ 设 f 在域 G 内解析,且不为零,又设 r 为可缩成一点的 G 内闭曲线,则 $\int_r \dfrac{f'(z)}{f(z)} \mathrm{d}z = 0$.

证 由柯西积分公式知,f' 在 G 内解析.因 f 在 G 内不为零,故 $\dfrac{f'}{f}$ 在 G 内解析,因而由柯西定理知

$$\int_r \frac{f'}{f} \mathrm{d}z = 0$$

❾❶ 证明哈纳克(Harnack)不等式:设 u 是调和的且非负,$|z| \leqslant R$,则

$$u(0) \frac{R - |z|}{R + |z|} \leqslant u(z) \leqslant u(0) \frac{R + |z|}{R - |z|}$$

证 由调和函数的平均值公式

$$u(0) = \frac{1}{2\pi} \int_0^{2\pi} u(Re^{i\theta}) \mathrm{d}\theta$$

再由泊松(Poisson)公式

$$u(re^{i\varphi}) = \frac{R^2 - r^2}{2\pi} \int_0^{2\pi} \frac{u(Re^{i\theta}) \mathrm{d}\theta}{R^2 - 2Rr\cos(\theta - \phi) + r^2}$$

由这个等式得

$$\frac{R^2 - r^2}{2\pi} \int_0^{2\pi} \frac{u(Re^{i\theta})}{R^2 + 2Rr + r^2} \mathrm{d}\theta \leqslant u(z) \leqslant$$

$$\frac{R^2 - r^2}{2\pi} \int_0^{2\pi} \frac{u(Re^{i\theta})}{R^2 - 2Rr + r^2} \mathrm{d}\theta$$

即

$$\frac{(R+r)(R-r)}{(R+r)(R+r)} \frac{1}{2\pi} \int_0^{2\pi} u(Re^{i\theta}) \mathrm{d}\theta \leqslant u(z) \leqslant$$

$$\frac{(R-r)(R+r)}{(R-r)(R-r)} \frac{1}{2\pi} \int_0^{2\pi} u(Re^{i\theta}) \mathrm{d}\theta$$

因此

$$\frac{R-\mid z\mid}{R+\mid z\mid}u(0)\leqslant u(z)\leqslant\frac{R+\mid z\mid}{R-\mid z\mid}u(0)$$

㉒ 设 g 在 $\{z\mid\mid z\mid<1\}$ 上解析,且设 $\mid g(z)\mid=\mid z\mid$ 对所有 $\mid z\mid<1$ 成立,证明 $g(z)=\mathrm{e}^{i\theta}z$,常数 $\theta\in[0,2\pi]$.

证 因 $\mid g(0)\mid=\mid 0\mid=0$,因此 $g(0)=0$,再有对 $\mid z\mid<1$ 中的所有 z, $\mid g(z)\mid=\mid z\mid<1$,因此由施瓦茨引理,便得 $g(z)=cz$,而 $\mid c\mid=1$.

㉓ 证明阿达马(Hadamard)三圆定理:设 $f(z)$ 为一个解析函数,它在 $r_1\leqslant\mid z\mid\leqslant r_2$ 时正则,令 $r_1<r_2<r_3$,又用 M_1,M_2,M_3 分别表示 $\mid f(z)\mid$ 在圆 $\mid z\mid=r_1,r_2,r_3$ 上的最大值,则有

$$M_2^{\ln\frac{r_3}{r_1}}\leqslant M_1^{\ln\frac{r_3}{r_2}}M_3^{\ln\frac{r_2}{r_1}}$$

证 令 $g(z)=z^\lambda f(z)$,λ 为一待定常数,则 $g(z)$ 在 $\mid z\mid=r_1$ 与 $\mid z\mid=r_3$ 间的环状区域中正则,且 $\mid g(z)\mid$ 为单值,因此 $g(z)$ 在这两边界圆中的一个上取得最大值,亦即

$$\mid g(z)\mid\leqslant\max(r_1^\lambda M_1,r_3^\lambda M_3)$$

所以在 $\mid z\mid=r_2$ 上

$$\mid f(z)\mid\leqslant\max(r_1^\lambda r_2^{-\lambda}M_1,r_3^\lambda r_2^{-\lambda}M_3) \tag{1}$$

现在需要确定最优的 λ,这可以通过括号内的两项相等而得,所以 λ 由方程

$$r_1^\lambda M_1=r_3^\lambda M_3$$

确定,因此

$$\lambda=-\frac{\ln\dfrac{M_3}{M_1}}{\ln\dfrac{r_3}{r_1}}$$

对此 λ,由式(1)得出 $M_2\leqslant\dfrac{r_2}{r_1}-\lambda M_1$.

因此

$$M_2^{\ln\frac{r_3}{r_1}}\leqslant\left(\frac{r_2}{r_1}\right)^{\ln\frac{M_3}{M_1}}M_1^{\ln\frac{r_3}{r_1}}=$$

$$M_1^{\ln\frac{r_3}{r_2}}M_3^{\ln\frac{r_2}{r_1}}$$

这就是需要的结果.

注意 当且仅当 $g(z)$ 为常数,亦即 $g(z)$ 为 z 的乘幂的常数倍时,等号才能成立.

❾❹ 设解析函数 $f(z)$ 在 $|z| < R$ 时正则,用 $M(r)$ 表示 $|f(z)|$ 在 $|z| = r$ 上的最大值,则当 $r < R$ 时,$M(r)$ 为 r 的单调增加函数.

证 由最大模定理知,当 $r_1 < r_2$ 时,常有 $M(r_1) \leqslant M(r_2)$,并且只在 $f(z)$ 为常数时,$M(r_2)$ 才能与 $M(r_2)$ 相等.

❾❺ 试求在单位圆调和的函数,这个函数在圆弧 $\overset{\frown}{\alpha\beta}$ 上取值为 1,而在这个弧的延长线上取值为 0.

解 由泊松积分公式

$$u = \int_\alpha^\beta \frac{(1-r^2)\mathrm{d}\theta}{1 - 2^r \cos(\theta - \phi) + r^2}$$

(因 $z = re^{i\phi}$ 在圆内,而 $|\zeta| = 1$).

积分得

$$u = 2\left[\arctan \frac{1-r}{1+r}\tan\frac{\beta - \phi}{2} - \arctan\frac{1-r}{1+r}\tan\frac{\alpha - \phi}{2}\right]$$

❾❻ 设 $f(z, w)$ 是 z, w 的连续函数,z 在区域 A 内,w 在曲线 r 上,设对 r 上的每个 w,f 在 z 解析,令

$$F(z) = \int_r f(z, w)\mathrm{d}w$$

证明 F 为解析,且

$$F'(z) = \int_r \frac{\partial f}{\partial z}(z, w)\mathrm{d}w$$

这里 $\dfrac{\partial f}{\partial z}$ 表示 f 关于 z 的导数,而保持 w 固定.

证 设 $z_0 \in A$,令 r_0 是一个圆且包围 z_0,其内部也在 A 上,则对 r_0 上的 z,由柯西积分公式

$$f(z, w) = \frac{1}{2\pi i}\int_{r_0} \frac{f(\xi, w)}{\xi - z}\mathrm{d}\xi$$

因此

$$F(z) = \frac{1}{2\pi i}\int_r \left[\int_{r_0} \frac{f(\xi, w)}{\xi - z}\mathrm{d}\xi\right]\mathrm{d}w$$

交换积分次序,我们有

$$F(z) = \frac{1}{2\pi i}\int_{r_0}\left[\int_r \frac{f(\xi, w)}{\xi - z}\mathrm{d}w\right]\mathrm{d}\xi =$$

$$\frac{1}{2\pi i}\int_{r_0}\frac{F(\xi)}{\xi-z}d\xi$$

实际上这个程序是可证明的,因被积函数连续,当写成实积分时具有形式

$$\int_a^b\int_\alpha^\beta h(x,y)dxdy+i\int_a^b\int_\alpha^\beta k(x,y)dxdy$$

于是由富比尼(Fubini)定理知,积分次序可换.

因此

$$F(z)=\frac{1}{2\pi i}\int_{r_0}\frac{1}{2\pi i}\int_{r_0}\frac{F(\xi)}{\xi-z}d\xi$$

所以由柯西型积分定理知,$F(z)$ 在 r_0 内解析且

$$F'(z)=\frac{1}{2\pi i}\int\frac{F(\xi)}{(\xi-z)^2}d\xi=\frac{1}{2\pi i}\int_{r_0}\int_r\frac{f(\xi,w)}{(\xi-z)^2}dwd\xi=$$

$$\frac{1}{2\pi i}\int_r\int_{r_0}\frac{f(\xi,w)}{(\xi-z)^2}d\xi dw=$$

$$\int_r\frac{\partial f}{\partial z}(\xi,w)dw$$

(再次用柯西积分公式).

因 z_0 任取,我们便得到希望的结果.

别证
$$F(z)=\int_r f(z,w)dw$$

$$F(z+h)=\int_r f(z+h,w)dw,\quad z+h\in A$$

于是

$$\frac{F(z+h)-F(z)}{h}=\int_r\frac{f(z+h,w)-f(z,w)}{h}dw \tag{1}$$

令

$$\frac{f(z+h,w)-f(z,w)}{h}=\frac{\partial}{\partial z}f(z,w)+\Delta$$

由 f 的连续性,虽有 $h\to0$ 时,$\Delta\to0$,但 Δ 一般与 z 和 w 有关,收敛未必是一致的,但可在 A 内取一包含 r 及 $z+h$ 的闭区域 A',此时 f 在 A' 上一致连续,故对 $\varepsilon>0$.可使 $|h|$ 甚小,而不管 A' 上的 z 与 r 上的 w 如何,总有 $|\Delta|<\varepsilon$,于是由式(1),有

$$\left|\frac{F(z+h)-F(z)}{z}-\int_r\frac{\partial z}{\partial z}f(z,w)dw\right|\leqslant\left|\int_r\Delta dw\right|\leqslant\varepsilon L$$

(L 为曲线 r 之长),由于 $\varepsilon>0$ 可任意小,故

$$F'(z)=\lim_{h\to0}\frac{F(z+h)-F(z)}{h}=\int_r\frac{\partial}{\partial z}f(z,w)dw$$

于是 $F(z)$ 在 A 内解析.

97 函数 $f(z)$ 在区域 G 内有唯一不正则点 a，设

$$(z-a)^n f(z) = g(z), \quad n \text{ 为正整数}$$

时，若 $g(z)$ 在 G 内正则，则在 G 内，沿包含 a 的任一闭曲线 C 正向一周积分时有

$$\int_C f(z)\,\mathrm{d}z = \frac{2\pi\mathrm{i}}{(n-1)!} g^{(n-1)}(a)$$

证　由柯西积分公式

$$g(a) = \frac{1}{2\pi\mathrm{i}} \int_C \frac{g(z)}{z-a}\,\mathrm{d}z$$

由

$$g^{(n-1)}(a) = \frac{(n-1)!}{2\pi\mathrm{i}} \int_C \frac{g(z)}{(z-a)^n}\,\mathrm{d}z = \frac{(n-1)!}{2\pi\mathrm{i}} \int_C f(z)\,\mathrm{d}z$$

所以

$$\int_C f(z)\,\mathrm{d}z = \frac{2\pi\mathrm{i}}{(n-1)!} g^{(n-1)}(a)$$

98 求下列积分：

(1) $\displaystyle\int_C \frac{\cos \pi z}{(z-1)^5}\,\mathrm{d}z$.

(2) $\displaystyle\int_C \frac{\mathrm{e}^z}{(z^2+1)^2}\,\mathrm{d}z$.

C：$|z| = a\,(a > 1)$（图 24）.

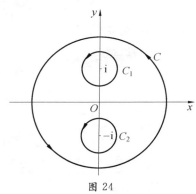

图 24

解 （1）设

$$f(z) = \frac{\cos \pi z}{(z-1)^5}$$

则

$$g(z) = (z-1)^5 f(z) = \cos \pi z$$

在 C 内正则.

故由前题知

$$\int_C \frac{\cos \pi z}{(z-1)^5} dz = \frac{2\pi i}{(5-1)!} g^{(4)}(1) =$$

$$\frac{2\pi i}{4!} \left[\pi^4 \cos \pi z \right]_{z=1} = -\frac{\pi^5}{12} i$$

（2）$I = \int_C \frac{e^z}{(z^2+1)^2} dz = \int_{C_1} \frac{e^z}{(z^2+1)^2} dz + \int_{C_2} \frac{e^z}{(z^2+1)^2} dz$

设

$$f(z) = \frac{e^z}{(z^2+1)^2} = \frac{e^z}{(z+i)^2 (z-i)^2}$$

令 $g(z) = \frac{e^z}{(z+i)^2}$ 时，则

$$\int_{C_1} = \frac{2\pi i}{(2-1)!} g'(i) = 2\pi i \left[\frac{e^z(z+i-2)}{(z+i)^3} \right]_{z=i} = \frac{\pi}{2}(1-i)e^i$$

仿此有

$$\int_{C_2} = -\frac{\pi}{2}(1+i)e^{-i}$$

所以

$$I = \frac{\pi}{2}(1-i)(e^i - ie^{-i}) = \frac{\pi}{2}(1-i)^2(\cos 1 - \sin 1) =$$

$$i\pi(\sin 1 - \cos 1) = i\pi\sqrt{2} \sin\left(1 - \frac{\pi}{4}\right)$$

❾❾ 函数 $f(z)$ 在一闭曲线 C 上连续，在其内解析，又设其内一点 a，a 到 C 的最短距离设为 ρ，而 C 之长为 L，$|f(z)|$ 于 C 上的最大值为 M 时

$$|f(a)| \leqslant \frac{ML}{2\pi\rho}, \qquad |f^{(n)}(a)| \leqslant \frac{n! \, ML}{2\pi\rho^{n+1}}$$

证 由柯西积分公式

$$f(a) = \frac{1}{2\pi i} \int_C \frac{f(z)}{z-a} dz$$

由于

$$|f(z)| \leqslant M, \quad |z-a| \geqslant \rho$$

所以

$$\left|\frac{f(z)}{z-a}\right| \leqslant \frac{M}{\rho}, \quad |f(a)| \leqslant \frac{ML}{2\pi\rho}$$

又因

$$f^{(n)}(a) = \frac{n!}{2\pi i}\int_C \frac{f(z)}{(z-a)^{n+1}} dz$$

从而由于

$$\left|\frac{f(z)}{(z-a)^{n+1}}\right| \leqslant \frac{M}{\rho^{n+1}}$$

所以

$$|f^{(n)}(a)| \leqslant \frac{n!}{2\pi} \frac{ML}{\rho^{n+1}}$$

注 特别地,对于 C,以 a 为心的圆,有

$$|f(a)| \leqslant M, \quad |f^{(n)}(a)| \leqslant \frac{n!}{\rho^n} M$$

因此 $L = 2\pi\rho$.

⑩ 利用上题结果,证明柳维尔定理.

证 设 $f(z)$ 在全平面上解析,且模有界.则在平面上任取一点 a,并以 a 为心,任意正数 ρ 为半径作圆 C,则在圆 C 上

$$|f(z)| \leqslant M$$

且

$$|f'(a)| \leqslant \frac{M}{\rho}$$

令 $\rho \to \infty$,则有

$$f'(a) = 0$$

由于 a 任取,故

$$f'(z) = 0$$

因此 $f(z)$ 为常数.

⑩ $z = R e^{i\theta}, a = r e^{i\phi}, \dfrac{R^2 - r^2}{R^2 - 2Rr\cos(\theta - \phi) + r^2}$ 为泊松核($0 \leqslant r < R$),证明:

(1) $\dfrac{R^2-r^2}{R^2-2Rr\cos(\theta-\phi)+r^2}=\dfrac{\mid z\mid^2-\mid a\mid^2}{\mid z-a\mid^2}$;

(2) $\dfrac{R-r}{R+r}\leqslant\dfrac{R^2-r^2}{R^2-2Rr\cos(\theta-\phi)+r^2}\leqslant\dfrac{R+r}{R-r}$;

(3) $\dfrac{R^2-r^2}{R^2-2Rr\cos(\theta-\phi)+r^2}=\mathrm{Re}\Big(\dfrac{z+a}{z-a}\Big)=$

$1+2\displaystyle\sum_{n=1}^{\infty}\Big(\dfrac{R}{r}\Big)^n\cos n(\theta-\phi)$;

(4) $\dfrac{1}{2\pi}\displaystyle\int_0^{2\pi}\dfrac{R^2-r^2}{R^2-2Rr\cos(\theta-\phi)+r^2}\mathrm{d}\theta=1.$

证 (1) $\mid z-a\mid^2=\mid R\mathrm{e}^{\mathrm{i}\theta}-r\mathrm{e}^{\mathrm{i}\phi}\mid^2=\mid(R\cos\theta-r\cos\phi)+\mathrm{i}(R\sin\theta-$

$r\sin\phi)\mid^2=R^2-2Rr\cos(\theta-\phi)+r^2$

故

$$\dfrac{R^2-r^2}{R^2-2Rr\cos(\theta-\phi)+r^2}=\dfrac{\mid z\mid^2-\mid a\mid^2}{\mid z-a\mid}$$

(2) 因

$$\dfrac{R^2-r^2}{R^2-2Rr\cos(\theta-\phi)+r^2}\leqslant\dfrac{R^2-r^2}{R^2-2Rr+r^2}=\dfrac{R+r}{R-r}$$

$$\dfrac{R^2-r^2}{R^2-2Rr\cos(\theta-\phi)+r^2}\geqslant\dfrac{R^2-r^2}{R^2+2Rr+r^2}=\dfrac{R-r}{R+r}$$

(3) $\dfrac{z+a}{z-a}=\dfrac{(z+a)(\overline{z-a})}{(z-a)(\overline{z-a})}=\dfrac{\mid z\mid^2+(a\overline{z}-\overline{a}z)-\mid a\mid^2}{\mid z-a\mid^2}=$

$\dfrac{R^2-r^2+2\mathrm{i}Rr\sin(\theta-\phi)}{R^2-2Rr\cos(\theta-\phi)+r^2}$

所以

$$\dfrac{R^2-r^2}{R^2-2Rr\cos(\theta-\phi)+r^2}=\mathrm{Re}\Big(\dfrac{z+a}{z-a}\Big)$$

又

$$\dfrac{z+a}{z-a}=\dfrac{R\mathrm{e}^{\mathrm{i}\theta}+r\mathrm{e}^{\mathrm{i}\phi}}{R\mathrm{e}^{\mathrm{i}\theta}-r\mathrm{e}^{\mathrm{i}\phi}}=\dfrac{1+\dfrac{r}{R}\mathrm{e}^{\mathrm{i}(\phi-\theta)}}{1-\dfrac{r}{R}\mathrm{e}^{\mathrm{i}(\phi-\theta)}}=$$

$$\Big(1+\dfrac{r}{R}\mathrm{e}^{\mathrm{i}(\phi-\theta)}\Big)\Big(1+\sum_{n=1}^{\infty}\Big(\dfrac{r}{R}\Big)^n\mathrm{e}^{\mathrm{i}n(\phi-\theta)}\Big)=$$

$$1+\sum_{n=1}^{\infty}\Big(\dfrac{r}{R}\Big)^n\mathrm{e}^{\mathrm{i}n(\phi-\theta)}+\dfrac{r}{R}\mathrm{e}^{\mathrm{i}(\phi-\theta)}+$$

$$\sum_{n=1}^{\infty} \left(\frac{r}{R}\right)^{n+1} e^{i(n+1)(\phi-\theta)} =$$

$$1 + 2\sum_{n=1}^{\infty} \left(\frac{r}{R}\right)^n e^{in(\phi-\theta)}$$

故

$$Re\left(\frac{z+a}{z-a}\right) = Re\left\{1 + 2\sum_{n=1}^{\infty} \left(\frac{r}{R}\right)^n e^{in(\phi-\theta)}\right\} =$$

$$1 + 2\sum_{n=1}^{\infty} \left(\frac{r}{R}\right)^n \cos n(\phi-\theta)$$

（4）因

$$\int_0^{2\pi} \cos n(\phi-\theta)\,d\theta = 0, \quad n = 1, 2, \cdots$$

故由第（3）题可得.

⑩② 计算积分 $\dfrac{1}{2\pi i}\int_\Gamma \dfrac{e^z dz}{z(1-z)^3}$，其中 Γ 为不通过点 0 与 1 的光滑闭路.

解 （1）若 $z=0$ 与 $z=1$ 均不在闭路 Γ 的内部,则被积函数 $f(z) = \dfrac{e^z}{z(1-z)^3}$ 在以 Γ 为边界的闭域 $\overline{G}$ 上解析,由柯西定理知

$$\frac{1}{2\pi i}\int_\Gamma \frac{e^z dz}{z(1-z)^3} = 0$$

（2）若 $z=0$ 在 Γ 之内,而 $z=1$ 在 Γ 之外,则由柯西公式得

$$\frac{1}{2\pi i}\int_\Gamma \frac{e^z dz}{z(1-z)^3} = \frac{1}{2\pi i}\int_{c_0} \frac{\dfrac{e^z}{(1-z)^3}}{z-0}\,dz =$$

$$\frac{e^0}{(1-0)^3} = 1$$

其中 c_0 是以 $z=0$ 为中心而包含在 Γ 内部的任意圆周.

（3）若 $z=1$ 在 Γ 之内,而 $z=0$ 在 Γ 之外,则由柯西型积分的导数公式知

$$\frac{1}{2\pi i}\int_\Gamma \frac{e^z dz}{z(1-z)^3} = -\frac{1}{2}\cdot\frac{2!}{2\pi i}\int_{c_1} \frac{\dfrac{e^z}{z}}{(z-1)^3}\,dz =$$

$$-\frac{1}{2}\frac{d^2}{dz^2}\left(\frac{e^z}{z}\right)\Big|_{z=1} = -\frac{e}{2}$$

其中 c_1 是以 $z=1$ 为中心而包含在 Γ 内部的任意圆周.

（4）若 $z=0$ 与 $z=1$ 均在 Γ 之内,则由复闭路的柯西定理知

$$\frac{1}{2\pi i}\int_{\Gamma} \frac{e^{z}dz}{z(1-z)^{3}} = \frac{1}{2\pi i}\int_{c_{0}} \frac{\dfrac{e^{z}}{(1-z)^{3}}}{z-0}dz -$$

$$\frac{1}{2}\frac{2!}{2\pi i}\int_{c_{1}} \frac{\dfrac{e^{z}}{z}}{(z-1)^{3}}dz =$$

$$1-\frac{e}{2}$$

❿③ 证明：若 $f(z)$ 在 $|z| \leqslant 1$ 上解析，积分为正方向，则

$$\frac{1}{2\pi i}\int_{|\zeta|=1} \frac{\overline{f(\zeta)}}{\zeta - z}d\zeta = \begin{cases} \overline{f(0)}, & |z| < 1 \\ \overline{f(0)} - f\left(\dfrac{1}{z}\right), & |z| > 1 \end{cases}$$

解 当 $|\zeta| = 1$ 时

$$\zeta = e^{i\varphi}, \quad 0 \leqslant \varphi \leqslant 2\pi$$
$$\bar{\zeta} = e^{-i\varphi}, d\zeta = ie^{i\varphi}d\varphi, d\bar{\zeta} = -ie^{-i\varphi}d\zeta$$

于是

$$d\zeta = ie^{i\varphi}d\varphi = \frac{ie^{-i\varphi}d\varphi}{e^{-2i\varphi}} = \frac{-d\bar{\zeta}}{\zeta^{2}}$$

又注意到：$\zeta \cdot \bar{\zeta} = |\zeta|^{2} = 1$，于是

$$\frac{1}{2\pi i}\int_{|\zeta|=1} \frac{\overline{f(\zeta)}}{\zeta - z}d\zeta = \frac{1}{2\pi i}\int_{|\zeta|=1} \frac{\overline{f(\zeta)}}{\zeta - z}\left(-\frac{d\bar{\zeta}}{\zeta^{2}}\right) =$$

$$-\frac{1}{2\pi i}\int_{|\zeta|=1} \frac{\overline{f(\zeta)d\zeta}}{\zeta(1-z\zeta)} = \overline{\frac{1}{2\pi i}\int_{|\zeta|=1} \frac{f(\zeta)d\zeta}{\zeta(1-\bar{z}\zeta)}}$$

由柯西公式知，当 $|z| < 1$ 时，有

$$\frac{1}{2\pi i}\int_{|\zeta|=1} \frac{f(\zeta)d\zeta}{\zeta(1-z\zeta)} = \frac{1}{2\pi i}\int_{|\zeta|=1} \frac{\dfrac{f(\zeta)}{1-z\zeta}}{\zeta - 0}d\zeta =$$

$$\frac{f(\zeta)}{1-z\zeta}\bigg|_{\zeta=0} = f(0)$$

所以

$$\frac{1}{2\pi i}\int_{|\zeta|=1} \frac{\overline{f(\zeta)}}{\zeta - z}d\zeta = \overline{f(0)}, \quad |z| < 1$$

当 $|z| > 1$ 时

$$\frac{1}{2\pi i}\int_{|\zeta|=1} \frac{f(\zeta)d\zeta}{\zeta(1-z\zeta)} = \frac{1}{2\pi i}\int_{|\zeta|=1} \left(\frac{1}{\zeta} - \frac{1}{\zeta - \dfrac{1}{z}}\right)f(\zeta)d\zeta =$$

$$f(0) - f\left(\frac{1}{z}\right)$$

所以

$$\frac{1}{2\pi i}\int_{|\zeta|=1} \overline{\frac{f(\zeta)d\zeta}{\zeta-z}} = \overline{f(0)} - \overline{f\left(\frac{1}{z}\right)}, \quad |z| > 1$$

❿❹ 若 $f(z)$ 在 $|z| < +\infty$ 解析,且有界,则 $f(z) \equiv \mathrm{const}$(柳维尔定理).

证 设点 a 是复平面上任意一个固定点,对复平面上任意一点 b,取实数 R,使得

$$|a| < R, \quad |b| < R$$

由于 $f(z)$ 解析,考虑积分

$$\frac{a-b}{2\pi i}\int_{|z|=R} \frac{f(z)dz}{(z-a)(z-b)} = \frac{1}{2\pi i}\int_{|z|=R} \left(\frac{1}{z-a} - \frac{1}{z-b}\right)f(z)dz =$$

$$\frac{1}{2\pi i}\int_{|z|=R} \frac{f(z)dz}{z-a} - \frac{1}{2\pi i}\int_{|z|=R} \frac{f(z)dz}{z-b} =$$

$$f(a) - f(b)$$

又因为 $f(z)$ 有界,故

$$|f(z)| \leqslant M, \quad |z| < +\infty$$

于是

$$|f(a) - f(b)| = \left|\frac{a-b}{2\pi i}\int_{|z|=R} \frac{f(z)dz}{(z-a)(z-b)}\right| \leqslant$$

$$\frac{|a-b|M}{2\pi}\int_{|z|=R} \frac{|dz|}{|z-a||z-b|} \leqslant$$

$$\frac{|a-b|M}{2\pi(R-|a|)(R-|b|)}\int_{|z|=R} d\zeta =$$

$$\frac{M|a-b|R}{(R-|a|)(R-|b|)} \to 0, \quad R \to \infty$$

所以

$$f(a) = f(b)$$

由 b 的任意性知

$$f(z) \equiv \mathrm{const}$$

❿❺ 若函数 $f(z)$ 在闭域 $\overline{G}$ 上解析,而 G 是包含原点在内的,以简单闭路 Γ 所围成的有界区域.

试证明:任意选择 $\ln z$ 的一支,有等式

$$\frac{1}{2\pi i}\int_{\Gamma} f'(z)\ln z\,dz = f(z_0) - f(0)$$

其中点 z_0 是积分的起点.

证 设闭路 Γ 与正实轴相交于 z_0,在 Γ 内作很小的圆周 $\gamma:|z|=r$ 交正实轴于 r,将正实轴沿线段 $\overline{rz_0}$ 剪开,令

$$C = \Gamma + \overline{z_0 r} + v + \overline{rz_0}$$

其中 $\overline{rz_0}$ 与 $\overline{z_0 r}$ 为实轴上 $\overline{rz_0}$ 被剪开后的上下沿,以 C 为边界的域记为 D(图 25).

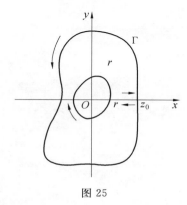

图 25

任意选择 $\ln z$ 的一支为 $k=k_0$,即

$$\ln z = \ln|z| + i(\varphi + 2k_0\pi), \quad 0 \leqslant \varphi \leqslant 2\pi$$

则 $\ln z$ 在 D 解析,又 $f(z)$ 在 $\overline{D}$ 解析,且解析函数的导函数 $f'(z)$ 亦解析,故 $f'(z)$ 亦解析,故 $f'(z)\ln z$ 在 $\overline{D}$ 上解析.由柯西定理知

$$\frac{1}{2\pi i}\int_c f'(z)\ln z\,dz = 0$$

即

$$\frac{1}{2\pi i}\int_{\Gamma} f'(z)\ln z\,dz = \frac{1}{2\pi i}\int_{\overline{z_0 r}} f'(z)\ln z + \frac{1}{2\pi i}\int_{\gamma^-} f'(z)\ln z\,dz +$$

$$\frac{1}{2\pi i}\int_{\overline{rz_0}} f'(z)\ln z\,dz$$

圆周 γ^- 的方程为

$$z = re^{i\varphi}, \quad 0 < \varphi < 2\pi$$

当 $r \to 0^+$ 时,有 $|\ln r| \to +\infty$,所以,当 $r < \delta$ 时

$$|\ln r| > (\varphi + 2k_0\pi)^2$$

于是

$$| \ln z | = \sqrt{\ln^2 r + (\varphi + 2k_0\pi)^2} < \sqrt{4\ln^2 r} = 2 | \ln r |$$

故

$$\left| \frac{1}{2\pi i} \int_{\gamma^-} f'(z)\ln z\,dz \right| \leqslant \frac{1}{2\pi} M2 | \ln r | 2\pi r \to 0, \quad r \to 0^+$$

其中

$$M = \max_{|z|=r}\{| f'(z) |\}$$

在 $\overline{rz_0}$ 上

$$\ln z = \ln x = \ln x + 2k_0\pi i$$

在 $\overline{z_0 r}$ 上

$$\ln z = \ln x + 2\pi i = \ln x + 2k_0\pi i + 2\pi i$$

所以

$$\frac{1}{2\pi i} \int_r f'(z)\ln z\,dz = \frac{1}{2\pi i} \int_r^{z_0} f'(x)(\ln x + 2\pi i)\,dx +$$

$$\frac{1}{2\pi i} \int_{\gamma^-} f'(z)\ln z\,dz + \frac{1}{2\pi i} \int_{z_0}^r f'(x)\ln x\,dx =$$

$$\frac{1}{2\pi i} \int_r^{z_0} f'(x)2\pi i\,dx + \frac{1}{2\pi i} \int_{\gamma^-} f'(z)\ln z\,dz =$$

$$f(z_0) - f(r) + \frac{1}{2\pi i} \int_{\gamma^-} f'(z)\ln z\,dz$$

令 $r \to 0^+$，对上式取极限得（因为 $f(z)$ 在 $z = 0$ 连续）

$$\frac{1}{2\pi i} \int_r f'(z)\ln z\,dz = f(z_0) - f(0)$$

⑩⑥ 证明：若 $f(z)$ 在 $| z - z_0 | \leqslant r$ 上解析，且 $| \operatorname{Re} f(z) | \leqslant M$，则

$$| f'(z_0) | \leqslant \frac{2M}{r}$$

证 因为

$$f(z) = u(x, y) + iv(x, y)$$

在 $| z - z_0 |$ 上解析，所以

$$f'(z_0) = \frac{1}{2\pi i} \int_{|z-z_0|=r} \frac{f(z)}{(z - z_0)^2}\,dz =$$

$$\frac{1}{2\pi r} \int_0^{2\pi} [u(r\cos\varphi, r\sin\varphi) +$$

$$iv(r\cos\,\varphi,r\sin\,\varphi)\big]\mathrm{e}^{-\mathrm{i}\varphi}\mathrm{d}\varphi$$

又

$$0 = \frac{1}{2\pi\mathrm{i}}\int_{|z-z_0|=r}f(z)\mathrm{d}z =$$

$$\frac{1}{2\pi r}\int_0^{2\pi}\big[u(r\cos\,\varphi,r\sin\,\varphi)+$$

$$iv(r\cos\,\varphi,r\sin\,\varphi)\big]\mathrm{e}^{\mathrm{i}\varphi}\mathrm{d}\varphi =$$

$$\frac{1}{2\pi\mathrm{i}}\int_0^{2\pi}\big[u(r\cos\,\varphi,r\sin\,\varphi)-$$

$$iv(r\cos\,\varphi,r\sin\,\varphi)\big]\mathrm{e}^{-\mathrm{i}\varphi}\mathrm{d}\varphi$$

这后一个等式成立是因为实部和虚部的积分都等于零的关系.

将上面两个等式两边相加得到

$$f'(z) = \frac{1}{\pi r}\int_0^{2\pi}u(r\cos\,\varphi,r\sin\,\varphi)\mathrm{e}^{-\mathrm{i}\varphi}\mathrm{d}\varphi$$

又

$$|\,\mathrm{Re}\,f(z)\,| = |\,u(r\cos\,\varphi,r\sin\,\varphi)\,| \leqslant M$$

所以

$$|\,f'(z_0)\,| \leqslant \frac{1}{\pi r}\int_0^{2\pi}|\,u(r\cos\,\varphi,r\sin\,\varphi)\,|\,\mathrm{d}\varphi \leqslant \frac{2M}{r}$$

这个例子从已知到未知的思路很明确,而且有一定的技巧,请读者留心体会.

107 试用计算积分

$$\int_{|z|=1}\left(z+\frac{1}{z}\right)^n\frac{\mathrm{d}z}{z}, \quad n \text{ 为自然数}$$

证明:

$(1)\displaystyle\int_0^{2\pi}\cos^{2m}\varphi\mathrm{d}\varphi = 2\pi\frac{(2m-1)!!}{(2m)!!}$;

$(2)\displaystyle\int_0^{2\pi}\cos^{2m-1}\varphi\mathrm{d}\varphi = 0$.

这里 m 亦为自然数.

证 因为

$$\int_{|z|=1}\left(z+\frac{1}{z}\right)^n\frac{\mathrm{d}z}{z} = \int_0^{2\pi}(\mathrm{e}^{\mathrm{i}\varphi}+\mathrm{e}^{-\mathrm{i}\varphi})^n\mathrm{i}\mathrm{d}\varphi = 2^n\mathrm{i}\int_0^{2\pi}\cos^n\varphi\mathrm{d}\varphi$$

而对任意的整数 k,有

$$\int_{|z|=1} z^k \mathrm{d}z = \begin{cases} 0, & k \neq 1 \\ 2\pi i, & k = -1 \end{cases}$$

（1）当 $n=2m$ 时（m 为自然数）

$$\left(z+\frac{1}{z}\right)^{2m}\frac{1}{z} = \left[z^{2m} + 2mz^{2m-1}\frac{1}{z} + \frac{2m(2m-1)}{2!}z^{2m-2}\cdot\right.$$

$$\left.\frac{1}{z^2} + \cdots + \frac{2m(2m-1)\cdots(2m-m+1)}{m!}z^m\cdot\frac{1}{z^m} + \cdots + \frac{1}{z^{2m}}\right]\frac{1}{z}$$

所以

$$\int_{|z|=1}\left(z+\frac{1}{z}\right)^{2m}\frac{\mathrm{d}z}{z} = \int_{|z|=1}\frac{2m(2m-1)\cdots(m+1)}{m!}\frac{\mathrm{d}z}{z} =$$

$$2\pi i\frac{2m(2m-1)\cdots(m+1)}{m!} =$$

$$2\pi i\frac{(2m)!}{(m!)^2}$$

于是

$$\int_0^{2\pi}\cos^{2m}\varphi\,\mathrm{d}\varphi = 2\pi\frac{(2m)!}{(m!\cdot2^m)(m!\cdot2^m)} = 2\pi\frac{(2m-1)!!}{(2m)!!}$$

（2）当 $n=2m-1$ 时，$\left(z+\frac{1}{z}\right)^n\cdot\frac{1}{z}$ 的表达式中，第一项为 z^{2m-2}，而 $2m-2$ 是偶数，以后各项的幂是依次减 2，故不会出现 $\frac{1}{z}$ 项，所以

$$\int_{|z|}\left(z+\frac{1}{z}\right)^{2m-1}\frac{\mathrm{d}z}{z} = 0$$

因而

$$\int_0^{2\pi}\cos^{2m-1}\varphi\,\mathrm{d}\varphi = 0$$

108 若 $f(z)$ 在简单闭路 Γ 所围成的闭域 $\overline{G}$ 上解析，点 z_1，$z_2,\cdots,z_n$ 是 Γ 内部任意 n 个不同的点，且

$$w_n(z) = (z-z_1)(z-z_2)\cdots(z-z_n)$$

试证明积分

$$p(z) = \frac{1}{2\pi i}\int_\Gamma\frac{f(\zeta)[w_n(\zeta)-w_n(z)]}{w_n(\zeta)(\zeta-z)}\mathrm{d}\zeta$$

是与 $f(z)$ 在点 $z_1,z_2,\cdots,z_n$ 相等的 $(n-1)$ 次多项式.

证 **因**

$$p(z) = \frac{1}{2\pi i} \int_\Gamma \frac{f(\zeta) w_n(\zeta) d\zeta}{w_n(\zeta)(\zeta - z)} -$$

$$\frac{1}{2\pi i} \int_\Gamma \frac{f(\zeta) w_n(z)}{w_n(\zeta)(\zeta - z)} d\zeta =$$

$$f(z) - \frac{w_n(z)}{2\pi i} \int_\Gamma \frac{f(\zeta) d\zeta}{w_n(\zeta)(\zeta - z)}$$

即

$$p(z) = f(z) - \frac{w_n(z)}{2\pi i} \left[\int_{\Gamma_0} \frac{f(\zeta) d\zeta}{w_n(\zeta)(\zeta - z)} + \right.$$

$$\left. \int_{\Gamma_1} \frac{f(\zeta) d\zeta}{w_n(\zeta)(\zeta - z)} + \cdots + \int_{\Gamma_n} \frac{f(\zeta) d\zeta}{w_n(\zeta)(\zeta - z)} \right]$$

其中 Γ_i 是以 $z_i (i = 0, 1, 2, \cdots, n, z_0 = z)$ 为中心,在 Γ 内部且互不相交的任意圆周.

于是

$$p(z) = f(z) - w_n(z) \left[\frac{1}{2\pi i} \int_{\Gamma_0} \frac{\dfrac{f(\zeta)}{w_n(\zeta)}}{\zeta - z} d\zeta + \right.$$

$$\frac{1}{2\pi i} \int_{\Gamma_1} \frac{\dfrac{f(\zeta) d\zeta}{(\zeta - z)(\zeta - z_2) \cdots (\zeta - z_n)}}{\zeta - z_1} + \cdots +$$

$$\left. \frac{1}{2\pi i} \int_{\Gamma_n} \frac{\dfrac{f(\zeta) d\zeta}{(\zeta - z)(\zeta - z_1) \cdots (\zeta - z_{n-1})}}{\zeta - z_1} \right] =$$

$$f(z) - w_n(z) \left[\frac{f(z)}{w_n(z)} + \frac{f(z_1)}{(z_1 - z)(z_1 - z_2) \cdots (z_1 - z_n)} + \right.$$

$$\frac{f(z_2)}{(z_2 - z)(z_2 - z_1)(z_2 - z_3) \cdots (z_2 - z_n)} + \cdots +$$

$$\left. \frac{f(z_n)}{(z_n - z)(z_n - z_1) \cdots (z_n - z_{n-1})} \right] =$$

$$\frac{w_n(z) f(z_1)}{(z - z_1)(z_1 - z_2)(z_1 - z_3) \cdots (z_1 - z_n)} +$$

$$\frac{w_n(z) f(z_2)}{(z - z_2)(z_2 - z_1)(z_2 - z_3) \cdots (z_2 - z_n)} + \cdots +$$

$$\frac{w_n(z) f(z_n)}{(z - z_n)(z_n - z_1)(z_n - z_2) \cdots (z_n - z_{n-1})}$$

上式右端所有的分子均是 n 次多项式,而分母为 $(z - z_i)$ 与常数的乘积 $(i = 1, 2, \cdots, n)$,故每个分式均是 $(n-1)$ 次多项式,故 $p(z)$ 是 $n-1$ 次多项式, 而

$$p(z_1) = \frac{w_n(z_1)f(z_1)}{(z_1-z_1)(z_1-z_2)\cdots(z_1-z_n)} = f(z_1)$$

$$p(z_2) = \frac{w_n(z_2)f(z_2)}{(z_2-z_2)(z_2-z_1)(z_2-z_3)\cdots(z_2-z_n)} = f(z_2)$$

$$\vdots$$

$$p(z_n) = \frac{w_n(z_n)f(z_n)}{(z_n-z_n)(z_n-z_1)(z_n-z_2)\cdots(z_n-z_{n-1})} = f(z_n)$$

注　这里正是 $f(z)$ 的插值多项式.

⑩⑨ 证明以下定理(柯西公式在无界域的情形):

设有限域 G 是由简单闭曲线 Γ 所围成,函数 $f(z)$ 在域 G 的外部解析,且 $\lim\limits_{z\to\infty}f(z) = A$,则

$$\frac{1}{2\pi\mathrm{i}}\int_\Gamma \frac{f(\zeta)\mathrm{d}\zeta}{\zeta-z} = \begin{cases} -f(z)+A, & \text{若点 } z \text{ 在 } G \text{ 之外} \\ A, & z\in G \end{cases}$$

闭路 Γ 是关于域 G 正向环绕.

证　若点 z 在 G 之外,以 z 为圆心,作圆 $C:|\zeta-z|=R$,使 Γ 在圆 C 的内部(图 26).

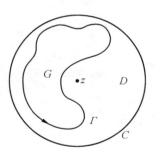

图 26

由复闭路的柯西公式知

$$f(z) = \frac{1}{2\pi\mathrm{i}}\int_{C+\Gamma^-} \frac{f(\zeta)\mathrm{d}\zeta}{\zeta-z} = \frac{1}{2\pi\mathrm{i}}\int_C \frac{f(\zeta)\mathrm{d}\zeta}{\zeta-z} - \frac{1}{2\pi\mathrm{i}}\int_\Gamma \frac{f(\zeta)\mathrm{d}\zeta}{\zeta-z}$$

因为

$$\lim\limits_{\zeta\to\infty}f(\zeta) = A$$

所以当 R 充分大时,有

$$|f(\zeta)-A| < \varepsilon, \quad \zeta = z+R\mathrm{e}^{\mathrm{i}\varphi}$$

于是

$$\left|\frac{1}{2\pi i}\int_C \frac{f(\zeta)d\zeta}{\zeta-z}-A\right|=\left|\frac{1}{2\pi i}\int_C\left[\frac{f(\zeta)-A}{\zeta-z}\right]d\zeta\right|\leqslant\frac{\varepsilon}{2\pi R}\int_C\mid d\zeta\mid=\varepsilon$$

所以

$$\lim_{R\to\infty}\frac{1}{2\pi i}\int_C\frac{f(\zeta)d\zeta}{\zeta-z}=A$$

故可得

$$f(z)=A-\frac{1}{2\pi i}\int_\Gamma\frac{f(\zeta)d\zeta}{\zeta-z}$$

即

$$\frac{1}{2\pi i}\int_\Gamma\frac{f(\zeta)d\zeta}{\zeta-z}=-f(z)+A$$

点 z 在 G 之外.

当 $z\in G$ 时,则 $\frac{f(\zeta)}{\zeta-z}$ 在 D 解析,其中 D 是由复闭路 $C+\Gamma^-$ 所围成,由柯西定理知

$$\frac{1}{2\pi i}\int_\Gamma\frac{f(\zeta)d\zeta}{\zeta-z}=\frac{1}{2\pi i}\int_C\frac{f(\zeta)d\zeta}{\zeta-z}$$

令 $R\to\infty$,上式两边取极限得

$$\frac{1}{2\pi i}\int_\Gamma\frac{f(\zeta)d\zeta}{\zeta-z}=A,\quad z\in G$$

⑩ 证明:若 $f(z)$ 在域 G 内是连续的,并且除去 G 的一个直线段上的点以外,$f(z)$ 在域 G 内的每一点都有导数. 则 $f(z)$ 在整个域 G 内是解析的.

证法一 在域 G 任取一直线 $\overline{AB}$ 并在其上任取一点 z_0,作圆周 $\Gamma:\mid z-z_0\mid=r,\Gamma\subset G,\Gamma$ 与 $\overline{AB}$ 相交于 C,D 两点(图27),以 $CDm=\Gamma_1$ 为边界的半邻域记为 G_1,以 $nDC=\Gamma_2$ 为边界的记为 G_2.

任取 $z\in G_1$,得出

$$f(z)=\frac{1}{2\pi i}\int_{\Gamma_1}\frac{f(\zeta)d\zeta}{\zeta-z}$$

因为

$$\frac{1}{2\pi i}\int_{\Gamma_2}\frac{f(\zeta)d\zeta}{\zeta-z}=0$$

所以

$$f(z)=\frac{1}{2\pi i}\int_\Gamma\frac{f(\zeta)d\zeta}{\zeta-z}$$

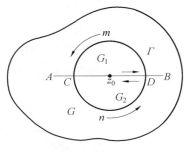

图 27

由于 $f(z)$ 在 Γ 内连续,所以当 $z \to z_0$ 时,函数 $\dfrac{1}{\zeta - z}$ 一致趋于 $\dfrac{1}{\zeta - z_0}$,即:

对任给 $\varepsilon > 0$,存在 $r_1 < r$,当 $|z - z_0| < r_1$ 时,对 Γ 上任意的点 ζ,均有

$$\left| \frac{1}{\zeta - z} - \frac{1}{\zeta - z_0} \right| < \varepsilon$$

于是

$$\left| \frac{1}{2\pi i} \int_\Gamma \frac{f(\zeta)\mathrm{d}\zeta}{\zeta - z} - \frac{1}{2\pi i} \int_\Gamma \frac{f(\zeta)\mathrm{d}\zeta}{\zeta - z_0} \right| \leqslant$$

$$\frac{\varepsilon}{2\pi} \int_\Gamma |f(\zeta)| |\mathrm{d}\zeta| = \frac{M\varepsilon}{2\pi} l$$

其中 l 为 Γ 之长,$M = \max\limits_{\zeta \in \Gamma} \{|f(\zeta)|\}$. 所以

$$\lim_{z \to z_0} \frac{1}{2\pi i} \int_\Gamma \frac{f(\zeta)\mathrm{d}\zeta}{\zeta - z} = \frac{1}{2\pi i} \int_\Gamma \frac{f(\zeta)\mathrm{d}\zeta}{\zeta - z_0}$$

故有

$$f(z_0) = \frac{1}{2\pi i} \int_\Gamma \frac{f(\zeta)\mathrm{d}\zeta}{\zeta - z_0}$$

点 z_0 是 $\overline{AB}$ 上任意一点,故对 $\overline{AB}$ 上每一点 z,均有

$$f(z) = \int_\Gamma \frac{f(\zeta)\mathrm{d}\zeta}{\zeta - z}$$

由柯西型积分的导数公式知,函数 $f(z)$ 在 $\overline{AB}$ 上可导,因而 $f(z)$ 在整个域 G 内是解析的.

  证法二 因 $f(z)$ 在域 G_1 与 G_2 内解析,在它们的边界 Γ_1 与 Γ_2 上连续

$$\int_{\Gamma_1} f(z)\mathrm{d}z = 0, \quad \int_{\Gamma_2} f(z)\mathrm{d}z = 0$$

而

$$\int_{\Gamma_1} f(z)\mathrm{d}z = \int_{CDm} f(z)\mathrm{d}z + \int_{DCn} f(z)\mathrm{d}z =$$

$$\int_{\Gamma_1} f(z)\mathrm{d}z + \int_{\Gamma_2} f(z)\mathrm{d}z = 0$$

由莫雷拉定理知：$f(z)$ 在点 z_0 是解析的，而 z_0 是 $\overline{AB}$ 上任意一点，所以 $f(z)$ 在直线段 $\overline{AB}$ 上解析，又由题设 $f(z)$ 在 G 内其他每一点都有导数，故 $f(z)$ 在整个域 G 内解析.

注　此题给出了证明函数 $f(z)$ 是解析的两种方法，一个是证明它是由柯西型积分所确定的函数，另一个是用莫雷拉定理.

附录　　柯西定理的古莎证明

定理　　若 $f(z)$ 于单连通区域 D 内解析，C 为 D 内任一闭路，则有

$$\int_C f(z)\mathrm{d}z = 0 \tag{1}$$

证　　证明的基本线索是：先对 C 是 D 内任一三角形，证明式（1）成立；再对 C 是 D 内任一闭折线，证明等式（1）成立；最后对 C 是 D 内任一闭路，证明式（1）成立.

（ⅰ）设 $\triangle$ 为 D 内任一三角形.

记 $\left|\displaystyle\int_{\triangle} f(z)\mathrm{d}z\right| = M$，欲证 $M = 0$.

现在二等分三角形 $\triangle$ 的每一边，两两联结这些分点，于是 $\triangle$ 被分为四个全等的三角形，把它们的周界分别记为 $\triangle_1, \triangle_2, \triangle_3, \triangle_4$（见图 1）. $\triangle_k(k=1,2,3,4)$ 的走向亦见图 1.

由积分的性质易知

$$\int_{\triangle} f(z)\mathrm{d}z = \sum_{k=1}^{4} \int_{\triangle_k} f(z)\mathrm{d}z$$

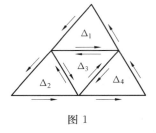

图 1

注意这里沿每一条联结分点的线段正好积分了两次，而这两次所取的方向正好相反.

由于

$$\left|\int_{\triangle} f(z)\mathrm{d}z\right| = M$$

故周界 $\triangle_k(k=1,2,3,4)$ 至少有一个使得 $f(z)$ 沿它的积分的模不小于 $\dfrac{M}{4}$. 记此三角形周界为 $\triangle^{(1)}$，则

$$\left|\int_{\triangle^{(1)}} f(z)\mathrm{d}z\right| \geqslant \frac{M}{4}$$

对于三角形周界 $\triangle^{(1)}$，我们又可以做同样的事情，即联结其各边之中点，而把它分成四个全等的三角形，它们的周界分别记为 $\triangle_1^{(1)}, \triangle_2^{(1)}, \triangle_3^{(1)}, \triangle_4^{(1)}$，从其中又可找到一个，记为 $\triangle^{(2)}$，使得 $f(z)$ 沿它积分的模不小于 $\dfrac{M}{4}$ 的 $\dfrac{1}{4}$，即

$$\left| \iint_{\triangle^{(2)}} f(z)\mathrm{d}z \right| \geqslant \frac{M}{4^2}$$

继续以上作法以至无穷,我们就得到以 $\triangle^{(2)}$, $\triangle^{(2)}$, $\triangle^{(3)}$, $\cdots$, $\triangle^{(n)}$, $\cdots$ 为周界的三角形序列,其中每一个包含后面的一个,且

$$\left| \iint_{\triangle^{(n)}} f(z)\mathrm{d}z \right| \geqslant \frac{M}{4^n} \quad (n=0,1,2,\cdots)$$

$\triangle^{(0)}$ 表示 $\triangle$.

记 $\triangle$ 的周长为 l,则 $\triangle^{(1)}$, $\triangle^{(2)}$, $\triangle^{(3)}$, $\cdots$, $\triangle^{(n)}$ $\cdots$ 的周长分别等于

$$\frac{l}{2}, \frac{l}{2^2}, \frac{l}{2^3}, \cdots, \frac{l}{2^n}, \cdots$$

现在我们来估计积分 $\int_{\triangle^{(n)}} f(z)\mathrm{d}z$ 的模. 如果 $\int_{\triangle^{(n)}} f(z)\mathrm{d}z$ 的模可随着 n 的无限增大而可任意小,以致 $4^n \left| \int_{\triangle^{(n)}} f(z)\mathrm{d}z \right|$ 仍可随意小,那么,由不等式 $\left| \int_{\triangle^{(n)}} f(z)\mathrm{d}z \right| \geqslant \frac{M}{4^n}$ 就可断言 $M=0$,而这就是我们所要证明的.

由于前述三角形序列中的每一个都包含后一个三角形且三角形周界的长度 $\frac{l}{2^n}$ 随 n 趋于无穷大而趋向零,所以存在唯一的点 z_0 属于所有的三角形(根据闭区域套原理,此处的闭区域是闭三角形). 因为三角形在区域 D 内,故 $z_0 \in D$.

由假设,$f(z)$ 于 D 内解析,故 $f(z)$ 于点 z_0 有有限导数 $f'(z_0)$,即对任给的 $\varepsilon > 0$,存对正数 δ,使得当 $0 < |z-z_0| < \delta$ 时

$$\left| \frac{f(z)-f(z_0)}{z-z_0} - f'(z_0) \right| < \varepsilon$$

或

$$| f(z)-f(z_0)-f'(z_0)(z-z_0) | < \varepsilon | z-z_0 |$$

因为当 $n \to \infty$ 时,$\triangle^{(n)}$ 的周长 $\frac{l}{2^n} \to 0$,所以当 n 充分大时,必有 $\frac{l}{2^n} < \delta$,此时,若 z 在 $\triangle^{(n)}$ 上,则有

$$| z-z_0 | < \delta$$

同时,当 $z \in \triangle^{(n)}$,便有

$$| z-z_0 | < \frac{l}{2^n}$$

这样,当 n 充分大且 $z \in \triangle^{(n)}$ 时,就有

$$| f(z)-f(z_0)-f'(z_0)(z-z_0) | < \varepsilon | z-z_0 | < \frac{\varepsilon l}{2^n} \tag{2}$$

又因 $\int_{\triangle^{(n)}} \mathrm{d}z = 0$，$\int_{\triangle^{(n)}} z \mathrm{d}z = 0$，故

$$\int_{\triangle^{(n)}} f(z)\mathrm{d}z = \int_{\triangle^{(n)}} \left[f(z) - f(z_0) - f'(z_0)(z - z_0) \right]\mathrm{d}z \tag{3}$$

联合(2),(3)两式可得

$$\left| \int_{\triangle^{(n)}} f(z)\mathrm{d}z \right| \leqslant \int_{\triangle^{(n)}} \left| f(z) - f(z_0) - (z - z_0)f'(z_0) \right| \cdot \left| \mathrm{d}z \right| <$$

$$\frac{\varepsilon l}{2^n} \cdot \frac{l}{2^n} = \frac{\varepsilon l^2}{4^n}$$

于是由不等式

$$\left| \int_{\triangle^{(n)}} f(z)\mathrm{d}z \right| \geqslant \frac{M}{4^n}$$

得知下述不等式

$$\frac{\varepsilon l^2}{4^n} > \frac{M}{4^n}$$

从而

$$M > \varepsilon l^2$$

由于 ε 的任意性，故知非负数 $M = 0$.

（ⅱ）设 P 为 D 内任一闭折线.

以 P 为周界则构成一多边形. 现以五边形为例.

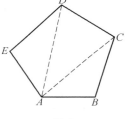

图 2

如图 2，$ABCDE$ 为一五边形. 联结 AC，AD，则五边形 $ABCDE$ 被分为三个三角形：ABC，ACD，ADE. 易知

$$\int_{ABCDEA} f(z)\mathrm{d}z = \int_{ABCA} f(z)\mathrm{d}z + \int_{ACDA} f(z)\mathrm{d}z + \int_{ADEA} f(z)\mathrm{d}z$$

由已证明的情形（ⅰ）知，上式右端的三个积分都等于零，故

$$\int_{ABCDEA} f(z)\mathrm{d}z = 0$$

对于一般的折线 P 而言，按同样办法可证明 $\int_P f(z)\mathrm{d}z = 0$.

（ⅲ）设 C 为 D 内任一闭路.

首先注意，如情形（ⅱ）所证，对任何含于 D 内的折线 P 有 $\int_P f(z)\mathrm{d}z = 0$. 因此，对于 C 及任意的 $\varepsilon > 0$，如果我们总能找到含于 D 内而内接于 C 的折线 P，使得

$$\int_C f(z)\mathrm{d}z - \int_P f(z)\mathrm{d}z < \varepsilon \tag{4}$$

即

$$\left|\iint_C f(z)\mathrm{d}z\right| < \varepsilon$$

从而证得

$$\left|\iint_C f(z)\mathrm{d}z\right| = 0 \text{ 或 } \int_C f(z)\mathrm{d}z = 0$$

这样,我们的任务就归结为:对任给的 $\varepsilon > 0$,寻求满足不等式(4)的折线 P,见图 3.

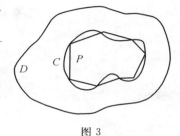

在 D 内取一个含曲线 C 的闭有界子域 $\overline{D_1}$ 且 C 与 $\overline{D_1}$ 之边界不相交. 因为平面上不相交的两闭集之中若至少有一有界闭集,则两集之距离必大于零,故

$$\delta_1 = \inf\{\,|\,\zeta - z\,|:\zeta \in c, z \in \Gamma\} > 0$$

图 3

其中 Γ 为 $\overline{D_1}$ 之边界.

设 l 是曲线 C 的长. 由假设知,$f(z)$ 于闭域 $\overline{D_1}$ 上连续,因而一致连续(这就是我们要取一闭域 $\overline{D_1}$ 的原因). 故对任给的 $\varepsilon > 0$,存在 $\delta_2 > 0$,使得当 z' 与 $z'' \in \overline{D_1}$ 且 $|\,z' - z''\,| < \delta_2$ 时,有

$$|\,f(z') - f(z'')\,| < \frac{\varepsilon}{2l} \tag{5}$$

由复变积分的定义知,对上述任给的 $\varepsilon > 0$,存在 $\delta_3 > 0$,使得在 C 上依次取分点 $z_0, z_1, z_2, \cdots, z_n$($C$ 闭时,$z_0 = z_n$),且 $|\,z_{k+1} - z_k\,| < \delta_3$($k = 0, 1, 2, \cdots, n-1$)时,有

$$\left|\iint_C f(z)\mathrm{d}z - \sum_{k=0}^{n-1} f(z_k)(z_{k+1} - z_k)\right| < \frac{\varepsilon}{2} \tag{6}$$

现限定 $\delta_3 \leqslant \min\{\delta_1, \delta_2\}$. 又依次联结点 $z_0, z_1, z_2, \cdots, z_n$,得一内接于 C 的折线,记之为 P,则 P 为 $\overline{D_1}$ 内部. 若 z 是联结点 z_k 和 z_{k+1} 的线段 l_k 上的任一点,则因 $|\,z - z_k\,| < \delta_3 \leqslant \delta_2$,故式(5)成立

$$|\,f(z) - f(z_k)\,| < \frac{\varepsilon}{2l}$$

从而

$$\left|\iint_{l_k} f(z)\mathrm{d}z - \int_{l_k} f(z_r)\mathrm{d}z\right| = \left|\iint_{l_k} [f(z) - f(z_k)]\mathrm{d}z\right| < \frac{\varepsilon}{2l}\,|\,z_{k+1} - z_k\,|$$

于是

$$\left|\sum_{k=0}^{n-1}\left[\iint_{l_k} f(z)\mathrm{d}z - \int_{l_k} f(z_k)\mathrm{d}z\right]\right| \leqslant$$

$$\sum_{k=0}^{n-1} \left| \int_{l_k} f(z)\mathrm{d}z - \int_{l_k} f(z_k)\mathrm{d}z \right| <$$

$$\sum_{k=0}^{n-1} \frac{\varepsilon}{2l} \mid z_{k+1} - z_k \mid \leqslant$$

$$\frac{\varepsilon}{2} \cdot \frac{1}{l} \sum_{k=0}^{n-1} \mid z_{k+1} - z_k \mid \leqslant \frac{\varepsilon}{2}$$

即

$$\left| \int_P f(z)\mathrm{d}z - \sum_{k=0}^{n-1} f(z_k)(z_{k+1} - z_k) \right| < \frac{\varepsilon}{2} \tag{7}$$

联合(6),(7) 两式即得

$$\left| \int_C f(z)\mathrm{d}z - \int_P f(z)\mathrm{d}z \right| < \varepsilon$$

证明完毕.

编辑手记

本书是关于复变函数中有关积分的部分.

解析数论专家戈德斯通一次在读赛尔伯格及乔姆利的论文时,发现他们用了一个积分,而他却不知道从哪里得出这个结果,便询问以求积分见长的黑人数学家保罗·伯德,几天后,伯德写了3张草稿,推出4种计算的方法,并告诉戈德斯通怎样推广这种类型的积分.

解析数论专家的基本功之一便是复分析中积分的估计,如哈代和利特伍德圆法中关于优弧和劣弧上的积分估计是难点之一.而且在解析数论中对初等方法和高等方法的划分就以是否用到复积分为限,没有用到即为初等,如爱尔特希和塞尔伯格关于素数定理的证明就被称为初等证明.

复积分运用的恰当还可以对一些著名定理的证明做适当的简化.如对代数基本定理的证明,就有几个方法是源自于对积分的研究,发表在近年的《美国数学月刊》上.

复变函数论是数学中少数几个体系完备,理论优美,应用广泛,影响深远的分支.我们可以简要回顾一下其发展的历史.

复变函数论(theory of functions of a complex variable)是研究复变数的函数的性质及应用的一门学科,是分析学的一个重要分支.

形如 $x+iy$（x,y 为实数，i 是虚数单位，满足 $i^2=-1$）的数称为复数. 复数早在 16 世纪就已经出现，它起源于求代数方程的根. 在相当长的一段时间内，复数不为人们所接受. 直到 19 世纪，才阐明复数是从已知量确定出的数学实体. 以复数为自变量的函数叫做复变函数.

对复变函数的研究是从 18 世纪开始的. 18 世纪三四十年代，欧拉曾利用幂级数详细讨论过初等复变函数的性质，并得出了著名的欧拉公式

$$e^{ix}=\cos x+i\sin x$$

1752 年，达朗贝尔在论述流体力学的论文中，考虑复函数 $f(z)=u+iv$ 的导数存在的条件，导出了关系式

$$\frac{\partial u}{\partial x}=\frac{\partial v}{\partial y}, \qquad \frac{\partial u}{\partial y}=-\frac{\partial v}{\partial x} \tag{1}$$

欧拉在 1777 年提交圣彼得堡科学院的一篇论文中，利用实函数计算复函数的积分，也得到了关系式(1). 因此，式(1)有时被称为达朗贝尔 — 欧拉方程，但后来更多地被称为柯西 — 黎曼方程. 在这一时期，拉普拉斯也研究过复函数的积分. 但是以上三人的工作都存在着本质上的局限性，因为他们把 $f(z)$ 的实部和虚部分开考虑，没有把它们看成一个基本实体.

复变函数论的全面发展是在 19 世纪. 首先，柯西的工作为单复变函数论的发展奠定了基础. 他从 1814 年开始致力于复变函数的研究，完成了一系列重要论著. 他把一个复变函数 $f(z)$ 视作复变数 z 的一元函数来研究. 他首先证明复数的代数运算与极限运算的合理性，引进了复函数连续性的概念，接着给出了复函数可导的充分必要条件（即柯西 — 黎曼方程）. 他定义了复函数的积分，得到复函数在无奇点的区域内积分值与积分路径无关的重要定理，从而导出著名的柯西积分公式

$$f(z)=\frac{1}{2\pi i}\int_r \frac{f(s)}{\zeta-z}ds$$

柯西还给出了复函数在极点处的留数的定义，建立了计算留数的定理. 他还研究了多值函数，为黎曼面的创立提供了理论依据.

紧接着，阿贝尔和雅可比创立了椭圆函数理论(1826 年)，给复变函数论带来了新的生机. 1851 年，黎曼的博士论文《单复变函数的一般理论基础》第一次给出单值解析函数的定义，指出实函数与复函数导数的基本差别. 他把单值解析函数推广到多值解析函数，阐述了现称为黎曼面的概念，开辟了多值函

数研究的方向.黎曼还建立了保形映射的基本定理,奠定了复变函数几何理论的基础.

维尔斯特拉斯与柯西、黎曼不同,他摆脱了复函数的几何直观,从研究幂级数出发,提出了复函数的解析开拓理论,引入完全解析函数的概念.他在椭圆函数论方面也有很重要的工作.

19世纪后期,复变函数论得到迅速发展.在相当一段时间内,柯西、黎曼、维尔斯特拉斯这三位主要奠基人的工作被他们各自的追随者继续研究.后来,柯西和黎曼的思想被融合在一起,而维尔斯特拉斯的方法逐渐由柯西、黎曼的观点推导出来.人们发现,维尔斯特拉斯的研究途径不是本质的,因此不再强调从幂级数出发考虑问题,这是20世纪初的事.

20世纪以来,复变函数论又有很大的发展,形成了一些专门的研究领域.在这方面做出较多工作的有瑞典数学家米塔·莱夫勒,法国数学家庞加莱、皮卡、波莱尔,芬兰数学家奈望林纳,德国数学家比勃巴赫,以及前苏联数学家韦夸、拉夫连季耶夫等.

本卷主要收集了一些关于复变函数论中有关积分的一些习题,其中以柯西积分定理为主要内容.

柯西积分定理(Cauchy integral theorem)是法国数学家柯西在研究复变函数的积分时所得到的基本定理.

柯西在1825年完成的论文《关于积分限为虚数的定积分的报告》(1874年发表)中叙述了这个定理:若 $f(x+\mathrm{i}y)$ 在区域 $x_0 \leqslant x \leqslant X, y_0 \leqslant y \leqslant Y$ 中有界并连续,那么积分

$$\int_{x_0+\mathrm{i}y_0}^{x+\mathrm{i}y} f(z)\mathrm{d}z$$

的值与 $x = \Phi(\iota)$ 和 $y = X(\iota)$ 的形式无关.

柯西在这篇论文中给出的证明并不十分严谨,他在1846年的论文中给出了这个定理的一个新证明.

刘培杰

2015 年 4 月 17 日

于哈工大

哈尔滨工业大学出版社刘培杰数学工作室
已出版(即将出版)图书目录

书　名	出版时间	定价	编号
新编中学数学解题方法全书(高中版)上卷	2007—09	38.00	7
新编中学数学解题方法全书(高中版)中卷	2007—09	48.00	8
新编中学数学解题方法全书(高中版)下卷(一)	2007—09	42.00	17
新编中学数学解题方法全书(高中版)下卷(二)	2007—09	38.00	18
新编中学数学解题方法全书(高中版)下卷(三)	2010—06	58.00	73
新编中学数学解题方法全书(初中版)上卷	2008—01	28.00	29
新编中学数学解题方法全书(初中版)中卷	2010—07	38.00	75
新编中学数学解题方法全书(高考复习卷)	2010—01	48.00	67
新编中学数学解题方法全书(高考真题卷)	2010—01	38.00	62
新编中学数学解题方法全书(高考精华卷)	2011—03	68.00	118
新编平面解析几何解题方法全书(专题讲座卷)	2010—01	18.00	61
新编中学数学解题方法全书(自主招生卷)	2013—08	88.00	261
数学眼光透视	2008—01	38.00	24
数学思想领悟	2008—01	38.00	25
数学应用展观	2008—01	38.00	26
数学建模导引	2008—01	28.00	23
数学方法溯源	2008—01	38.00	27
数学史话览胜	2008—01	28.00	28
数学思维技术	2013—09	38.00	260
从毕达哥拉斯到怀尔斯	2007—10	48.00	9
从迪利克雷到维斯卡尔迪	2008—01	48.00	21
从哥德巴赫到陈景润	2008—05	98.00	35
从庞加莱到佩雷尔曼	2011—08	138.00	136
数学解题中的物理方法	2011—06	28.00	114
数学解题的特殊方法	2011—06	48.00	115
中学数学计算技巧	2012—01	48.00	116
中学数学证明方法	2012—01	58.00	117
数学趣题巧解	2012—03	28.00	128
三角形中的角格点问题	2013—01	88.00	207
含参数的方程和不等式	2012—09	28.00	213

哈尔滨工业大学出版社刘培杰数学工作室
已出版(即将出版)图书目录

书 名	出版时间	定 价	编号
数学奥林匹克与数学文化(第一辑)	2006—05	48.00	4
数学奥林匹克与数学文化(第二辑)(竞赛卷)	2008—01	48.00	19
数学奥林匹克与数学文化(第二辑)(文化卷)	2008—07	58.00	36'
数学奥林匹克与数学文化(第三辑)(竞赛卷)	2010—01	48.00	59
数学奥林匹克与数学文化(第四辑)(竞赛卷)	2011—08	58.00	87
数学奥林匹克与数学文化(第五辑)	2014—09		370
发展空间想象力	2010—01	38.00	57
走向国际数学奥林匹克的平面几何试题诠释(上、下)(第1版)	2007—01	68.00	11,12
走向国际数学奥林匹克的平面几何试题诠释(上、下)(第2版)	2010—02	98.00	63,64
平面几何证明方法全书	2007—08	35.00	1
平面几何证明方法全书习题解答(第1版)	2005—10	18.00	2
平面几何证明方法全书习题解答(第2版)	2006—12	18.00	10
平面几何天天练上卷·基础篇(直线型)	2013—01	58.00	208
平面几何天天练中卷·基础篇(涉及圆)	2013—01	28.00	234
平面几何天天练下卷·提高篇	2013—01	58.00	237
平面几何专题研究	2013—07	98.00	258
最新世界各国数学奥林匹克中的平面几何试题	2007—09	38.00	14
数学竞赛平面几何典型题及新颖解	2010—07	48.00	74
初等数学复习及研究(平面几何)	2008—09	58.00	38
初等数学复习及研究(立体几何)	2010—06	38.00	71
初等数学复习及研究(平面几何)习题解答	2009—01	48.00	42
世界著名平面几何经典著作钩沉——几何作图专题卷(上)	2009—06	48.00	49
世界著名平面几何经典著作钩沉——几何作图专题卷(下)	2011—01	88.00	80
世界著名平面几何经典著作钩沉(民国平面几何老课本)	2011—03	38.00	113
世界著名解析几何经典著作钩沉——平面解析几何卷	2014—01	38.00	273
世界著名数论经典著作钩沉(算术卷)	2012—01	28.00	125
世界著名数学经典著作钩沉——立体几何卷	2011—02	28.00	88
世界著名三角学经典著作钩沉(平面三角卷Ⅰ)	2010—06	28.00	69
世界著名三角学经典著作钩沉(平面三角卷Ⅱ)	2011—01	38.00	78
世界著名初等数论经典著作钩沉(理论和实用算术卷)	2011—07	38.00	126
几何学教程(平面几何卷)	2011—03	68.00	90
几何学教程(立体几何卷)	2011—07	68.00	130
几何变换与几何证题	2010—06	88.00	70
计算方法与几何证题	2011—06	28.00	129
立体几何技巧与方法	2014—04	88.00	293
几何瑰宝——平面几何500名题暨1000条定理(上、下)	2010—07	138.00	76,77
三角形的解法与应用	2012—07	18.00	183
近代的三角形几何学	2012—07	48.00	184
一般折线几何学	即将出版	58.00	203
三角形的五心	2009—06	28.00	51
三角形趣谈	2012—08	28.00	212
解三角形	2014—01	28.00	265
三角学专门教程	2014—09	28.00	387
距离几何分析导引	2015—02	68.00	446

哈尔滨工业大学出版社刘培杰数学工作室
已出版(即将出版)图书目录

书　名	出版时间	定　价	编号
圆锥曲线习题集(上册)	2013—06	68.00	255
圆锥曲线习题集(中册)	2015—01	78.00	434
圆锥曲线习题集(下册)	即将出版		
俄罗斯平面几何问题集	2009—08	88.00	55
俄罗斯立体几何问题集	2014—03	58.00	283
俄罗斯几何大师——沙雷金论数学及其他	2014—01	48.00	271
来自俄罗斯的5000道几何习题及解答	2011—03	58.00	89
俄罗斯初等数学问题集	2012—05	38.00	177
俄罗斯函数问题集	2011—03	38.00	103
俄罗斯组合分析问题集	2011—01	48.00	79
俄罗斯初等数学万题选——三角卷	2012—11	38.00	222
俄罗斯初等数学万题选——代数卷	2013—08	68.00	225
俄罗斯初等数学万题选——几何卷	2014—01	68.00	226
463个俄罗斯几何老问题	2012—01	28.00	152
近代欧氏几何学	2012—03	48.00	162
罗巴切夫斯基几何学及几何基础概要	2012—07	28.00	188
用三角、解析几何、复数、向量计算解数学竞赛几何题	2015—03	48.00	455
美国中学几何教程	2015—04	88.00	458
三线坐标与三角形特征点	2015—04	98.00	460
平面解析几何方法与研究(第1卷)	2015—05	18.00	471
平面解析几何方法与研究(第2卷)	2015—06	18.00	472
平面解析几何方法与研究(第3卷)	即将出版		473
超越吉米多维奇.数列的极限	2009—11	48.00	58
超越普里瓦洛夫.留数卷	2015—01	28.00	437
超越普里瓦洛夫.无穷乘积与它对解析函数的应用卷	2015—05	28.00	477
超越普里瓦洛夫.积分卷	2015—06	18.00	481
超越普里瓦洛夫.基础知识卷	2015—06	28.00	482
Barban Davenport Halberstam 均值和	2009—01	40.00	33
初等数论难题集(第一卷)	2009—05	68.00	44
初等数论难题集(第二卷)(上、下)	2011—02	128.00	82,83
谈谈素数	2011—03	18.00	91
平方和	2011—03	18.00	92
数论概貌	2011—03	18.00	93
代数数论(第二版)	2013—08	58.00	94
代数多项式	2014—06	38.00	289
初等数论的知识与问题	2011—02	28.00	95
超越数论基础	2011—03	28.00	96
数论初等教程	2011—03	28.00	97
数论基础	2011—03	18.00	98
数论基础与维诺格拉多夫	2014—03	18.00	292
解析数论基础	2012—08	28.00	216
解析数论基础(第二版)	2014—01	48.00	287
解析数论问题集(第二版)	2014—05	88.00	343
解析几何研究	2015—01	38.00	425
初等几何研究	2015—02	58.00	444
数论入门	2011—03	38.00	99
代数数论入门	2015—03	38.00	448
数论开篇	2012—07	28.00	194
解析数论引论	2011—03	48.00	100

书　名	出版时间	定　价	编号
复变函数引论	2013—10	68.00	269
伸缩变换与抛物旋转	2015—01	38.00	449
无穷分析引论(上)	2013—04	88.00	247
无穷分析引论(下)	2013—04	98.00	245
数学分析	2014—04	28.00	338
数学分析中的一个新方法及其应用	2013—01	38.00	231
数学分析例选:通过范例学技巧	2013—01	88.00	243
高等代数例选:通过范例学技巧	2015—06	88.00	475
三角级数论(上册)(陈建功)	2013—01	38.00	232
三角级数论(下册)(陈建功)	2013—01	48.00	233
三角级数论(哈代)	2013—06	48.00	254
基础数论	2011—03	28.00	101
超越数	2011—03	18.00	109
三角和方法	2011—03	18.00	112
谈谈不定方程	2011—05	28.00	119
整数论	2011—05	38.00	120
随机过程(Ⅰ)	2014—01	78.00	224
随机过程(Ⅱ)	2014—01	68.00	235
整数的性质	2012—11	38.00	192
初等数论 100 例	2011—05	18.00	122
初等数论经典例题	2012—07	18.00	204
最新世界各国数学奥林匹克中的初等数论试题(上、下)	2012—01	138.00	144,145
算术探索	2011—12	158.00	148
初等数论(Ⅰ)	2012—01	18.00	156
初等数论(Ⅱ)	2012—01	18.00	157
初等数论(Ⅲ)	2012—01	28.00	158
组合数学	2012—04	28.00	178
组合数学浅谈	2012—03	28.00	159
同余理论	2012—05	38.00	163
丢番图方程引论	2012—03	48.00	172
平面几何与数论中未解决的新老问题	2013—01	68.00	229
法雷级数	2014—08	18.00	367
代数数论简史	2014—11	28.00	408
摆线族	2015—01	38.00	438
拉普拉斯变换及其应用	2015—02	38.00	447
函数方程及其解法	2015—05	38.00	470
罗巴切夫斯基几何学初步	2015—06	28.00	474
[x]与{x}	2015—04	48.00	476

历届美国中学生数学竞赛试题及解答(第一卷)1950—1954	2014—07	18.00	277
历届美国中学生数学竞赛试题及解答(第二卷)1955—1959	2014—04	18.00	278
历届美国中学生数学竞赛试题及解答(第三卷)1960—1964	2014—06	18.00	279
历届美国中学生数学竞赛试题及解答(第四卷)1965—1969	2014—04	28.00	280
历届美国中学生数学竞赛试题及解答(第五卷)1970—1972	2014—06	18.00	281
历届美国中学生数学竞赛试题及解答(第七卷)1981—1986	2015—01	18.00	424

哈尔滨工业大学出版社刘培杰数学工作室
已出版(即将出版)图书目录

书　名	出版时间	定　价	编号
历届 IMO 试题集(1959—2005)	2006—05	58.00	5
历届 CMO 试题集	2008—09	28.00	40
历届中国数学奥林匹克试题集	2014—10	38.00	394
历届加拿大数学奥林匹克试题集	2012—08	38.00	215
历届美国数学奥林匹克试题集:多解推广加强	2012—08	38.00	209
历届波兰数学竞赛试题集.第 1 卷,1949～1963	2015—03	18.00	453
历届波兰数学竞赛试题集.第 2 卷,1964～1976	2015—03	18.00	454
保加利亚数学奥林匹克	2014—10	38.00	393
圣彼得堡数学奥林匹克试题集	2015—01	48.00	429
历届国际大学生数学竞赛试题集(1994—2010)	2012—01	28.00	143
全国大学生数学夏令营数学竞赛试题及解答	2007—03	28.00	15
全国大学生数学竞赛辅导教程	2012—07	28.00	189
全国大学生数学竞赛复习全书	2014—04	48.00	340
历届美国大学生数学竞赛试题集	2009—03	88.00	43
前苏联大学生数学奥林匹克竞赛题解(上编)	2012—04	28.00	169
前苏联大学生数学奥林匹克竞赛题解(下编)	2012—04	38.00	170
历届美国数学邀请赛试题集	2014—01	48.00	270
全国高中数学竞赛试题及解答.第 1 卷	2014—07	38.00	331
大学生数学竞赛讲义	2014—09	28.00	371
高考数学临门一脚(含密押三套卷)(理科版)	2015—01	24.80	421
高考数学临门一脚(含密押三套卷)(文科版)	2015—01	24.80	422
新课标高考数学题型全归纳(文科版)	2015—05	72.00	467
新课标高考数学题型全归纳(理科版)	2015—05	82.00	468

书　名	出版时间	定　价	编号
整函数	2012—08	18.00	161
多项式和无理数	2008—01	68.00	22
模糊数据统计学	2008—03	48.00	31
模糊分析学与特殊泛函空间	2013—01	68.00	241
受控理论与解析不等式	2012—05	78.00	165
解析不等式新论	2009—06	68.00	48
反问题的计算方法及应用	2011—11	28.00	147
建立不等式的方法	2011—03	98.00	104
数学奥林匹克不等式研究	2009—08	68.00	56
不等式研究(第二辑)	2012—02	68.00	153
初等数学研究(Ⅰ)	2008—09	68.00	37
初等数学研究(Ⅱ)(上、下)	2009—05	118.00	46,47
中国初等数学研究　2009 卷(第 1 辑)	2009—05	20.00	45
中国初等数学研究　2010 卷(第 2 辑)	2010—05	30.00	68
中国初等数学研究　2011 卷(第 3 辑)	2011—07	60.00	127
中国初等数学研究　2012 卷(第 4 辑)	2012—07	48.00	190
中国初等数学研究　2014 卷(第 5 辑)	2014—02	48.00	288
数阵及其应用	2012—02	28.00	164
绝对值方程—折边与组合图形的解析研究	2012—07	48.00	186
不等式的秘密(第一卷)	2012—02	28.00	154
不等式的秘密(第一卷)(第 2 版)	2014—02	38.00	286
不等式的秘密(第二卷)	2014—01	38.00	268
初等不等式的证明方法	2010—06	38.00	123
初等不等式的证明方法(第二版)	2014—11	38.00	407

哈尔滨工业大学出版社刘培杰数学工作室
已出版(即将出版)图书目录

书 名	出版时间	定 价	编号
数学奥林匹克在中国	2014—06	98.00	344
数学奥林匹克问题集	2014—01	38.00	267
数学奥林匹克不等式散论	2010—06	38.00	124
数学奥林匹克不等式欣赏	2011—09	38.00	138
数学奥林匹克超级题库(初中卷上)	2010—01	58.00	66
数学奥林匹克不等式证明方法和技巧(上、下)	2011—08	158.00	134,135
近代拓扑学研究	2013—04	38.00	239
新编640个世界著名数学智力趣题	2014—01	88.00	242
500个最新世界著名数学智力趣题	2008—06	48.00	3
400个最新世界著名数学最值问题	2008—09	48.00	36
500个世界著名数学征解问题	2009—06	48.00	52
400个中国最佳初等数学征解老问题	2010—01	48.00	60
500个俄罗斯数学经典老题	2011—01	28.00	81
1000个国外中学物理好题	2012—04	48.00	174
300个日本高考数学题	2012—05	38.00	142
500个前苏联早期高考数学试题及解答	2012—05	28.00	185
546个早期俄罗斯大学生数学竞赛题	2014—03	38.00	285
548个来自美苏的数学好问题	2014—11	28.00	396
20所苏联著名大学早期入学试题	2015—02	18.00	452
161道德国工科大学生必做的微分方程习题	2015—05	28.00	469
500个德国工科大学生必做的高数习题	2015—06	28.00	478
德国讲义日本考题.微积分卷	2015—04	48.00	456
德国讲义日本考题.微分方程卷	2015—04	38.00	457
博弈论精粹	2008—03	58.00	30
博弈论精粹.第二版(精装)	2015—01	88.00	461
数学 我爱你	2008—01	28.00	20
精神的圣徒 别样的人生——60位中国数学家成长的历程	2008—09	48.00	39
数学史概论	2009—06	78.00	50
数学史概论(精装)	2013—03	158.00	272
斐波那契数列	2010—02	28.00	65
数学拼盘和斐波那契魔方	2010—07	38.00	72
斐波那契数列欣赏	2011—01	28.00	160
数学的创造	2011—02	48.00	85
数学中的美	2011—02	38.00	84
数论中的美学	2014—12	38.00	351
数学王者 科学巨人——高斯	2015—01	28.00	428
王连笑教你怎样学数学:高考选择题解题策略与客观题实用训练	2014—01	48.00	262
王连笑教你怎样学数学:高考数学高层次讲座	2015—02	48.00	432
最新全国及各省市高考数学试卷解法研究及点拨评析	2009—02	38.00	41
高考数学的理论与实践	2009—08	38.00	53
中考数学专题总复习	2007—04	28.00	6
向量法巧解数学高考题	2009—08	28.00	54
高考数学核心题型解题方法与技巧	2010—01	28.00	86
高考思维新平台	2014—03	38.00	259
数学解题——靠数学思想给力(上)	2011—07	38.00	131
数学解题——靠数学思想给力(中)	2011—07	48.00	132
数学解题——靠数学思想给力(下)	2011—07	38.00	133
高中数学教学通鉴	2015—05	58.00	479

哈尔滨工业大学出版社刘培杰数学工作室
已出版(即将出版)图书目录

书 名	出版时间	定 价	编号
我怎样解题	2013—01	48.00	227
和高中生漫谈:数学与哲学的故事	2014—08	28.00	369
2011年全国及各省市高考数学试题审题要津与解法研究	2011—10	48.00	139
2013年全国及各省市高考数学试题解析与点评	2014—01	48.00	282
全国及各省市高考数学试题审题要津与解法研究	2015—02	48.00	450
新课标高考数学——五年试题分章详解(2007~2011)(上、下)	2011—10	78.00	140,141
30分钟拿下高考数学选择题、填空题(第二版)	2012—01	28.00	146
全国中考数学压轴题审题要津与解法研究	2013—04	78.00	248
新编全国及各省市中考数学压轴题审题要津与解法研究	2014—05	58.00	342
全国及各省市5年中考数学压轴题审题要津与解法研究	2015—04	58.00	462
高考数学压轴题解题诀窍(上)	2012—02	78.00	166
高考数学压轴题解题诀窍(下)	2012—03	28.00	167
自主招生考试中的参数方程问题	2015—01	28.00	435
自主招生考试中的极坐标问题	2015—01	28.00	463
近年全国重点大学自主招生数学试题全解及研究.华约卷	2015—02	38.00	441
近年全国重点大学自主招生数学试题全解及研究.北约卷	即将出版		

格点和面积	2012—07	18.00	191
射影几何趣谈	2012—04	28.00	175
斯潘纳尔引理——从一道加拿大数学奥林匹克试题谈起	2014—01	28.00	228
李普希兹条件——从几道近年高考数学试题谈起	2012—10	18.00	221
拉格朗日中值定理——从一道北京高考试题的解法谈起	2012—10	18.00	197
闵科夫斯基定理——从一道清华大学自主招生试题谈起	2014—01	18.00	198
哈尔测度——从一道冬令营试题的背景谈起	2012—08	28.00	202
切比雪夫逼近问题——从一道中国台北数学奥林匹克试题谈起	2013—04	38.00	238
伯恩斯坦多项式与贝齐尔曲面——从一道全国高中数学联赛试题谈起	2013—03	38.00	236
卡塔兰猜想——从一道普特南竞赛试题谈起	2013—06	18.00	256
麦卡锡函数和阿克曼函数——从一道前南斯拉夫数学奥林匹克试题谈起	2012—08	18.00	201
贝蒂定理与拉姆贝克莫斯尔定理——从一个拣石子游戏谈起	2012—08	18.00	217
皮亚诺曲线和豪斯道夫分球定理——从无限集谈起	2012—08	18.00	211
平面凸图形与凸多面体	2012—10	28.00	218
斯坦因豪斯问题——从一道二十五省市自治区中学数学竞赛试题谈起	2012—07	18.00	196
纽结理论中的亚历山大多项式与琼斯多项式——从一道北京市高一数学竞赛试题谈起	2012—07	28.00	195
原则与策略——从波利亚"解题表"谈起	2013—04	38.00	244
转化与化归——从三大尺规作图不能问题谈起	2012—08	28.00	214
代数几何中的贝祖定理(第一版)——从一道IMO试题的解法谈起	2013—08	18.00	193
成功连贯理论与约当块理论——从一道比利时数学竞赛试题谈起	2012—04	18.00	180
磨光变换与范·德·瓦尔登猜想——从一道环球城市竞赛试题谈起	即将出版		
素数判定与大数分解	2014—08	18.00	199
置换多项式及其应用	2012—10	18.00	220
椭圆函数与模函数——从一道美国加州大学洛杉矶分校(UCLA)博士资格考题谈起	2012—10	28.00	219

哈尔滨工业大学出版社刘培杰数学工作室
已出版(即将出版)图书目录

书　名	出版时间	定　价	编号
差分方程的拉格朗日方法——从一道 2011 年全国高考理科试题的解法谈起	2012—08	28.00	200
力学在几何中的一些应用	2013—01	38.00	240
高斯散度定理、斯托克斯定理和平面格林定理——从一道国际大学生数学竞赛试题谈起	即将出版		
康托洛维奇不等式——从一道全国高中联赛试题谈起	2013—03	28.00	337
西格尔引理——从一道第 18 届 IMO 试题的解法谈起	即将出版		
罗斯定理——从一道前苏联数学竞赛试题谈起	即将出版		
拉克斯定理和阿廷定理——从一道 IMO 试题的解法谈起	2014—01	58.00	246
毕卡大定理——从一道美国大学数学竞赛试题谈起	2014—07	18.00	350
贝齐尔曲线——从一道全国高中联赛试题谈起	即将出版		
拉格朗日乘子定理——从一道 2005 年全国高中联赛试题的高等数学解法谈起	2015—05	28.00	480
雅可比定理——从一道日本数学奥林匹克试题谈起	2013—04	48.00	249
李天岩—约克定理——从一道波兰数学竞赛试题谈起	2014—06	28.00	349
整系数多项式因式分解的一般方法——从克朗耐克算法谈起	即将出版		
布劳维不动点定理——从一道前苏联数学奥林匹克试题谈起	2014—01	38.00	273
压缩不动点定理——从一道高考数学试题的解法谈起	即将出版		
伯恩赛德定理——从一道英国数学奥林匹克试题谈起	即将出版		
布查特—莫斯特定理——从一道上海市初中竞赛试题谈起	即将出版		
数论中的同余数问题——从一道普特南竞赛试题谈起	即将出版		
范·德蒙行列式——从一道美国数学奥林匹克试题谈起	即将出版		
中国剩余定理:总数法构建中国历史年表	2015—01	28.00	430
牛顿程序与方程求根——从一道全国高考试题解法谈起	即将出版		
库默尔定理——从一道 IMO 预选试题谈起	即将出版		
卢丁定理——从一道冬令营试题的解法谈起	即将出版		
沃斯滕霍姆定理——从一道 IMO 预选试题谈起	即将出版		
卡尔松不等式——从一道莫斯科数学奥林匹克试题谈起	即将出版		
信息论中的香农熵——从一道近年高考压轴题谈起	即将出版		
约当不等式——从一道希望杯竞赛试题谈起	即将出版		
拉比诺维奇定理	即将出版		
刘维尔定理——从一道《美国数学月刊》征解问题的解法谈起	即将出版		
卡塔兰恒等式与级数求和——从一道 IMO 试题的解法谈起	即将出版		
勒让德猜想与素数分布——从一道爱尔兰竞赛试题谈起	即将出版		
天平称重与信息论——从一道基辅市数学奥林匹克试题谈起	即将出版		
哈密尔顿—凯莱定理:从一道高中数学联赛试题的解法谈起	2014—09	18.00	376
艾思特曼定理——从一道 CMO 试题的解法谈起	即将出版		

哈尔滨工业大学出版社刘培杰数学工作室
已出版(即将出版)图书目录

书　名	出版时间	定　价	编号
一个爱尔特希问题——从一道西德数学奥林匹克试题谈起	即将出版		
有限群中的爱丁格尔问题——从一道北京市初中二年级数学竞赛试题谈起	即将出版		
贝克码与编码理论——从一道全国高中联赛试题谈起	即将出版		
帕斯卡三角形	2014—03	18.00	294
蒲丰投针问题——从2009年清华大学的一道自主招生试题谈起	2014—01	38.00	295
斯图姆定理——从一道"华约"自主招生试题的解法谈起	2014—01	18.00	296
许瓦兹引理——从一道加利福尼亚大学伯克利分校数学系博士生试题谈起	2014—08	18.00	297
拉格朗日中值定理——从一道北京高考试题的解法谈起	2014—01		298
拉姆塞定理——从王诗宬院士的一个问题谈起	2014—01		299
坐标法	2013—12	28.00	332
数论三角形	2014—04	38.00	341
毕克定理	2014—07	18.00	352
数林掠影	2014—09	48.00	389
我们周围的概率	2014—10	38.00	390
凸函数最值定理:从一道华约自主招生题的解法谈起	2014—10	28.00	391
易学与数学奥林匹克	2014—10	38.00	392
生物数学趣谈	2015—01	18.00	409
反演	2015—01		420
因式分解与圆锥曲线	2015—01	18.00	426
轨迹	2015—01	28.00	427
面积原理:从常庚哲命的一道CMO试题的积分解法谈起	2015—01	48.00	431
形形色色的不动点定理:从一道28届IMO试题谈起	2015—01	38.00	439
柯西函数方程:从一道上海交大自主招生的试题谈起	2015—02	28.00	440
三角恒等式	2015—02	28.00	442
无理性判定:从一道2014年"北约"自主招生试题谈起	2015—01	38.00	443
数学归纳法	2015—03	18.00	451
极端原理与解题	2015—04	28.00	464
中等数学英语阅读文选	2006—12	38.00	13
统计学专业英语	2007—03	28.00	16
统计学专业英语(第二版)	2012—07	48.00	176
统计学专业英语(第三版)	2015—04	68.00	465
幻方和魔方(第一卷)	2012—05	68.00	173
尘封的经典——初等数学经典文献选读(第一卷)	2012—07	48.00	205
尘封的经典——初等数学经典文献选读(第二卷)	2012—07	38.00	206
实变函数论	2012—06	78.00	181
非光滑优化及其变分分析	2014—01	48.00	230
疏散的马尔科夫链	2014—01	58.00	266
马尔科夫过程论基础	2015—01	28.00	433
初等微分拓扑学	2012—07	18.00	182
方程式论	2011—03	38.00	105
初级方程式论	2011—03	28.00	106
Galois 理论	2011—03	18.00	107
古典数学难题与伽罗瓦理论	2012—11	58.00	223
伽罗华与群论	2014—01	28.00	290
代数方程的根式解及伽罗瓦理论	2011—03	28.00	108
代数方程的根式解及伽罗瓦理论(第二版)	2015—01	28.00	423

哈尔滨工业大学出版社刘培杰数学工作室
已出版(即将出版)图书目录

书 名	出版时间	定 价	编号
线性偏微分方程讲义	2011—03	18.00	110
N 体问题的周期解	2011—03	28.00	111
代数方程式论	2011—05	18.00	121
动力系统的不变量与函数方程	2011—07	48.00	137
基于短语评价的翻译知识获取	2012—02	48.00	168
应用随机过程	2012—04	48.00	187
概率论导引	2012—04	18.00	179
矩阵论(上)	2013—06	58.00	250
矩阵论(下)	2013—06	48.00	251
趣味初等方程妙题集锦	2014—09	48.00	388
趣味初等数论选美与欣赏	2015—02	48.00	445
对称锥互补问题的内点法:理论分析与算法实现	2014—08	68.00	368
抽象代数:方法导引	2013—06	38.00	257
闵嗣鹤文集	2011—03	98.00	102
吴从炘数学活动三十年(1951～1980)	2010—07	99.00	32
函数论	2014—11	78.00	395
耕读笔记(上卷):一位农民数学爱好者的初数探索	2015—04	48.00	459
耕读笔记(中卷):一位农民数学爱好者的初数探索	2015—05	28.00	483
耕读笔记(下卷):一位农民数学爱好者的初数探索	2015—05	28.00	484

书 名	出版时间	定 价	编号
数贝偶拾——高考数学题研究	2014—04	28.00	274
数贝偶拾——初等数学研究	2014—04	38.00	275
数贝偶拾——奥数题研究	2014—04	48.00	276
集合、函数与方程	2014—01	28.00	300
数列与不等式	2014—01	38.00	301
三角与平面向量	2014—01	28.00	302
平面解析几何	2014—01	38.00	303
立体几何与组合	2014—01	28.00	304
极限与导数、数学归纳法	2014—01	38.00	305
趣味数学	2014—03	28.00	306
教材教法	2014—04	68.00	307
自主招生	2014—05	58.00	308
高考压轴题(上)	2014—11	48.00	309
高考压轴题(下)	2014—10	68.00	310

书 名	出版时间	定 价	编号
从费马到怀尔斯——费马大定理的历史	2013—10	198.00	I
从庞加莱到佩雷尔曼——庞加莱猜想的历史	2013—10	298.00	II
从切比雪夫到爱尔特希(上)——素数定理的初等证明	2013—07	48.00	III
从切比雪夫到爱尔特希(下)——素数定理100年	2012—12	98.00	III
从高斯到盖尔方特——二次域的高斯猜想	2013—10	198.00	IV
从库默尔到朗兰兹——朗兰兹猜想的历史	2014—01	98.00	V
从比勃巴赫到德布朗斯——比勃巴赫猜想的历史	2014—02	298.00	VI
从麦比乌斯到陈省身——麦比乌斯变换与麦比乌斯带	2014—02	298.00	VII
从布尔到豪斯道夫——布尔方程与格论漫谈	2013—10	198.00	VIII
从开普勒到阿诺德——三体问题的历史	2014—05	298.00	IX
从华林到华罗庚——华林问题的历史	2013—10	298.00	X

哈尔滨工业大学出版社刘培杰数学工作室

已出版(即将出版)图书目录

书　名	出版时间	定　价	编号
吴振奎高等数学解题真经(概率统计卷)	2012—01	38.00	149
吴振奎高等数学解题真经(微积分卷)	2012—01	68.00	150
吴振奎高等数学解题真经(线性代数卷)	2012—01	58.00	151
高等数学解题全攻略(上卷)	2013—06	58.00	252
高等数学解题全攻略(下卷)	2013—06	58.00	253
高等数学复习纲要	2014—01	18.00	384
钱昌本教你快乐学数学(上)	2011—12	48.00	155
钱昌本教你快乐学数学(下)	2012—03	58.00	171
三角函数	2014—01	38.00	311
不等式	2014—01	38.00	312
数列	2014—01	38.00	313
方程	2014—01	28.00	314
排列和组合	2014—01	28.00	315
极限与导数	2014—01	28.00	316
向量	2014—09	38.00	317
复数及其应用	2014—08	28.00	318
函数	2014—01	38.00	319
集合	即将出版		320
直线与平面	2014—01	28.00	321
立体几何	2014—04	28.00	322
解三角形	即将出版		323
直线与圆	2014—01	28.00	324
圆锥曲线	2014—01	38.00	325
解题通法(一)	2014—07	38.00	326
解题通法(二)	2014—07	38.00	327
解题通法(三)	2014—05	38.00	328
概率与统计	2014—01	28.00	329
信息迁移与算法	即将出版		330
第19~23届"希望杯"全国数学邀请赛试题审题要津详细评注(初一版)	2014—03	28.00	333
第19~23届"希望杯"全国数学邀请赛试题审题要津详细评注(初二、初三版)	2014—03	38.00	334
第19~23届"希望杯"全国数学邀请赛试题审题要津详细评注(高一版)	2014—03	28.00	335
第19~23届"希望杯"全国数学邀请赛试题审题要津详细评注(高二版)	2014—03	38.00	336
第19~25届"希望杯"全国数学邀请赛试题审题要津详细评注(初一版)	2015—01	38.00	416
第19~25届"希望杯"全国数学邀请赛试题审题要津详细评注(初二、初三版)	2015—01	58.00	417
第19~25届"希望杯"全国数学邀请赛试题审题要津详细评注(高一版)	2015—01	48.00	418
第19~25届"希望杯"全国数学邀请赛试题审题要津详细评注(高二版)	2015—01	48.00	419
物理奥林匹克竞赛大题典——力学卷	2014—11	48.00	405
物理奥林匹克竞赛大题典——热学卷	2014—04	28.00	339
物理奥林匹克竞赛大题典——电磁学卷	即将出版		406
物理奥林匹克竞赛大题典——光学与近代物理卷	2014—06	28.00	345

哈尔滨工业大学出版社刘培杰数学工作室
已出版(即将出版)图书目录

书 名	出版时间	定 价	编号
历届中国东南地区数学奥林匹克试题集(2004~2012)	2014—06	18.00	346
历届中国西部地区数学奥林匹克试题集(2001~2012)	2014—07	18.00	347
历届中国女子数学奥林匹克试题集(2002~2012)	2014—08	18.00	348
几何变换(Ⅰ)	2014—07	28.00	353
几何变换(Ⅱ)	即将出版		354
几何变换(Ⅲ)	2015—01	38.00	355
几何变换(Ⅳ)	即将出版		356
美国高中数学竞赛五十讲.第1卷(英文)	2014—08	28.00	357
美国高中数学竞赛五十讲.第2卷(英文)	2014—08	28.00	358
美国高中数学竞赛五十讲.第3卷(英文)	2014—09	28.00	359
美国高中数学竞赛五十讲.第4卷(英文)	2014—09	28.00	360
美国高中数学竞赛五十讲.第5卷(英文)	2014—10	28.00	361
美国高中数学竞赛五十讲.第6卷(英文)	2014—11	28.00	362
美国高中数学竞赛五十讲.第7卷(英文)	2014—12	28.00	363
美国高中数学竞赛五十讲.第8卷(英文)	2015—01	28.00	364
美国高中数学竞赛五十讲.第9卷(英文)	2015—01	28.00	365
美国高中数学竞赛五十讲.第10卷(英文)	2015—02	38.00	366
IMO 50年.第1卷(1959—1963)	2014—11	28.00	377
IMO 50年.第2卷(1964—1968)	2014—11	28.00	378
IMO 50年.第3卷(1969—1973)	2014—09	28.00	379
IMO 50年.第4卷(1974—1978)	即将出版		380
IMO 50年.第5卷(1979—1984)	2015—04	38.00	381
IMO 50年.第6卷(1985—1989)	2015—04	58.00	382
IMO 50年.第7卷(1990—1994)	即将出版		383
IMO 50年.第8卷(1995—1999)	即将出版		384
IMO 50年.第9卷(2000—2004)	2015—04	58.00	385
IMO 50年.第10卷(2005—2008)	即将出版		386
历届美国大学生数学竞赛试题集.第一卷(1938—1949)	2015—01	28.00	397
历届美国大学生数学竞赛试题集.第二卷(1950—1959)	2015—01	28.00	398
历届美国大学生数学竞赛试题集.第三卷(1960—1969)	2015—01	28.00	399
历届美国大学生数学竞赛试题集.第四卷(1970—1979)	2015—01	18.00	400
历届美国大学生数学竞赛试题集.第五卷(1980—1989)	2015—01	28.00	401
历届美国大学生数学竞赛试题集.第六卷(1990—1999)	2015—01	28.00	402
历届美国大学生数学竞赛试题集.第七卷(2000—2009)	即将出版		403
历届美国大学生数学竞赛试题集.第八卷(2010—2012)	2015—01	18.00	404

哈尔滨工业大学出版社刘培杰数学工作室
已出版(即将出版)图书目录

书　名	出版时间	定　价	编号
新课标高考数学创新题解题诀窍:总论	2014—09	28.00	372
新课标高考数学创新题解题诀窍:必修1～5分册	2014—08	38.00	373
新课标高考数学创新题解题诀窍:选修2—1,2—2,1—1,1—2分册	2014—09	38.00	374
新课标高考数学创新题解题诀窍:选修2—3,4—4,4—5分册	2014—09	18.00	375
全国重点大学自主招生英文数学试题全攻略:词汇卷	即将出版		410
全国重点大学自主招生英文数学试题全攻略:概念卷	2015—01	28.00	411
全国重点大学自主招生英文数学试题全攻略:文章选读卷(上)	即将出版		412
全国重点大学自主招生英文数学试题全攻略:文章选读卷(下)	即将出版		413
全国重点大学自主招生英文数学试题全攻略:试题卷	即将出版		414
全国重点大学自主招生英文数学试题全攻略:名著欣赏卷	即将出版		415

联系地址:哈尔滨市南岗区复华四道街10号　哈尔滨工业大学出版社刘培杰数学工作室
网　　址:http://lpj.hit.edu.cn/
邮　　编:150006
联系电话:0451—86281378　　13904613167
E-mail:lpj1378@163.com